Freiler | Marsik | Olf | Wittberger

öbv

Lösungswege

Mathematik Oberstufe

7

Lösungsheft

www.oebv.at

Hinweise zum Gebrauch des Lösungshefts:

Das Lösungsheft ist zur Kontrolle und nicht zum Abschreiben gedacht. Arbeite deshalb ehrlich, löse jede Aufgabe selbstständig und kontrolliere erst dann die Ergebnisse.

Zu den Aufgaben, die im Lösungsheft mit dem Symbol gekennzeichnet sind, stehen die durchgerechten Lösungen und zusätzliche Erklärungen im Lehrwerk-Online der Lösungswege zur Verfügung. Die grauen Markierungen zeigen dir genau an, welche Unternummern durchgerechnet auf **www.oebv.at** zu finden sind. Die Online-Codes am Anfang jedes Kapitels im Lösungsheft führen dich direkt zu den durchgerechneten Lösungen jenes Kapitels.

Die Figuren im Lösungsheft sind meist verkleinert dargestellt, sodass aus ihnen keine Längen entnommen werden können.

Das Lösungsheft wurde mit großer Sorgfalt erstellt. Sollten trotzdem Fehler passiert sein, so bitten wir, dies dem Verlag (Österreichischer Bundesverlag Schulbuch GmbH & Co. KG; E-Mail: ahs@oebv.at) mitzuteilen. Wünsche und Anregungen werden ebenfalls gerne entgegengenommen.

1 Gleichungen höheren Grades

Kapitel 1
5ei883

1. a) $L = \left\{\frac{4}{7}\right\}$ b) $L = \left\{\frac{9}{5}\right\}$ c) $L = \{\,\}$ d) $L = \left\{\frac{3}{4}\right\}$

2. a) $L = \{-2; 3\}$ b) $L = \{-2; 0; 1\}$ c) $L = \{0; 3\}$ d) $L = \{-1; 0; 4\}$ e) $L = \{-2; -1\}$ f) $L = \{0; 1; 4\}$

3. Musteraufgabe

4. a) $L = \{-7; -2; 0\}$ b) $L = \{-11; 0; 8\}$ c) $L = \{0; 4\}$ d) $L = \{-2{,}5; 0; 1\}$ e) $L = \left\{-0{,}5; 0; \frac{1}{3}\right\}$ f) $L = \{-7; 0\}$ g) $L = \{0; 10\}$ h) $L = \{0; 9\}$ i) $L = \{-3; 0\}$ j) $L = \{0; 1{,}25\}$ k) $L = \{-2; 0; 2\}$ l) $L = \{-7; 0; 7\}$

5. Musteraufgabe

6. a) $L = \{-2; 2\}$ b) $L = \{-3; 3\}$ c) $L = \{-7; 7\}$ d) $L = \{\pm 2\sqrt{3}\}$ e) $L = \{-0{,}5; 0{,}5\}$ f) $L = \left\{-\frac{\sqrt{10}}{10}; \frac{\sqrt{10}}{10}\right\}$

7. a) $L = \{\pm 3\}$ b) $L = \{\pm 4\}$ c) $L = \{\pm 1\}$ d) $L = \{\pm 2\}$

8. Musteraufgabe

9. a) reelle Lösung: 3 b) reelle Lösung: 4 c) reelle Lösung: 5 d) reelle Lösung: −1 e) reelle Lösung: −0,5 f) reelle Lösung: $-\frac{1}{3}$

10. z.B.: $a^3 - b^3 = (a - b) \cdot (a^2 + ab + b^2) = a^3 - a^2b + a^2b - ab^2 + ab^2 - b^3 = a^3 - b^3$

11. a) $L = \{-1; 1\}$ b) $L = \{-2; 2\}$ c) $L = \{-3; 3\}$ d) $L = \{-4; 4\}$

12. Musteraufgabe

13. a) $L = \{-0{,}5; 0{,}5; 2\}$ b) $L = \{-1; -0{,}2; 0{,}2\}$ c) $L = \{0; 3; 5\}$ d) $L = \{-5; -2; 2; 3\}$ e) $L = \{-5; -1; 1; 4\}$ f) $L = \{-5; 8\}$

14. B, D, E

15. Musteraufgabe

16. a) $L = \{-3; -1; 1; 3\}$ b) $L = \{-2; 2\}$ c) $L = \{\,\}$ d) $L = \{-4; 4\}$ e) $L = \{-\sqrt{3}; \sqrt{3}\}$ f) $L = \{\,\}$

17. Musteraufgabe

18. a) $L = \{-1; 3\}$ b) $L = \{1; 2\}$ c) $L = \{-2; -1\}$ d) $L = \{-3; 4\}$ e) $L = \{-6; -1\}$ f) $L = \{-5; 1\}$

19. a) $(x + 2)(x - 3)$ b) $(x - 1)(x - 4)$ c) $(x + 7)(x - 5)$ d) $(x + 5)(x + 4)$ e) $2(x - 2)(x + 2{,}5)$ f) $4(x + 8)(x - 0{,}25)$

20. a) z.B. $x^2 - 5x + 6 = 0$ b) z.B. $x^2 - 8x + 16 = 0$ c) z.B. $x^2 + 8x + 7 = 0$ d) z.B. $x^2 - 4x - 45 = 0$ e) z.B. $x^2 + 2x - 80 = 0$

21. a) äquivalent b) äquivalent c) äquivalent d) äquivalent

22. a) z. B. $x^3 - 2x^2 - 5x + 6 = 0$ b) z. B. $x^3 - x = 0$ c) z. B. $x^3 + x^2 - 8x - 12 = 0$
d) z. B. $x^3 - 8x^2 + 16x = 0$ e) z. B. $x^3 - 15x^2 + 75x - 125 = 0$

23. B, D

24. D

25. Musteraufgabe

26. a) $L = \{1\}$ b) $L = \{-3\}$ c) $L = \{4\}$ d) $L = \{-3\}$ e) $L = \{-1\}$ f) $L = \{-5\}$

27. a) $L = \{-1; -0{,}2; 2\}$ b) $L = \{-0{,}5; 0; 2\}$ c) $L = \{-3; -0{,}25; 0{,}5\}$ d) $L = \{-1; 1\}$ e) $L = \{-4; -3; 1\}$ f) $L = \{2\}$

28. a) $L = \{-1; 1\}$ b) $L = \{5\}$ c) $L = \{2\}$ d) $L = \{-4; 1; 3\}$ e) $L = \{-4\}$ f) $L = \{-2; -1; 3\}$ g) $L = \{-2; 1; 3\}$ h) $L = \{-5; 0; 3\}$ i) $L = \{-3; 0; 7\}$

29. a) $L = \{1{,}5\}$ Doppellösung
b) $L = \{-2$ (Doppellösung); $0{,}5\}$
c) $L = \{-3\}$ Dreifachlösung
d) $L = \{-1$ (Doppellösung); 3 (Doppellösung)$\}$

30. a) Grad: 3, $L = \{-5; 3$ (Doppellösung)$\}$
b) Grad: 3, $L = \{-0{,}2$ (Dreifachlösung)$\}$
c) Grad: 4, $L = \{-4$ (Doppellösung); 4 (Doppellösung)$\}$
d) Grad: 5, $L = \{0{,}5$ (Fünffachlösung)$\}$
e) Grad: 4, $L = \{-8; 0$ (Doppellösung); $1\}$
f) Grad: 6, $L = \{-2$ (Doppellösung); 0; 3 (Dreifachlösung)$\}$

31. a) z. B. $x^3 - 6x^2 + 12x - 8 = 0$ b) z. B. $x^3 - 4x^2 + 4x = 0$ c) z. B. $x^3 - 4x = 0$

32. a) $x = -4$
b) $x_1 = -4$, $x_2 = 2$ (Doppelnullstelle)
c) $x_1 = -4$, $x_2 = 0$, $x_3 = 5$
d) $x = -2$
e) $x_1 = -2$, $x_2 = 1$ (Doppelnullstelle)
f) $x_1 = -2$, $x_2 = 0$, $x_3 = 3$

33. Musteraufgabe

34. a) $f(x) = x^3 + 3x^2 - 24x - 80 = (x - 5)(x + 4)^2$
b) $f(x) = x^3 - 9x^2 + 15x - 7 = (x - 1)^2(x - 7)$
c) $f(x) = x^4 + 14x^3 + 60x^2 + 50x - 125 = (x + 5)^3(x - 1)$
d) $f(x) = x^4 + 2x^3 - 2x - 1 = (x - 1)(x + 1)^3$

35. a) $f(x) = x^3 - 3x^2 - x + 3$ b) $f(x) = x^3 - 2x^2 - 4x + 8$ c) $f(x) = x^3 - 6x^2 + 12x - 8$

36. a) $x_1 = -5$, $x_2 = 4$
b) $x_1 = -2$, $x_2 = 0{,}2$
c) $x = 7$
d) $x_1 = -2$, $x_2 = 5$ (Doppelnullstelle)
e) $x_1 = -2$ (Dreifachnullstelle), $x_2 = 0{,}5$
f) $x_1 = 1$, $x_2 = 3$ (Dreifachnullstelle)

37. a) Beide Nullstellen sind einfach, da die x-Achse in beiden Fällen von der Funktion geschnitten wird.
b) x_1 ist einfach, da hier die x-Achse von der Funktion geschnitten wird, x_2 ist mehrfach (dreifach), da sich hier die Funktion an die x-Achse anschmiegt.
c) x_1 ist mehrfach (dreifach), da sich hier die Funktion an die x-Achse anschmiegt.
d) x_1 ist mehrfach (vierfach), da sich hier die Funktion an die x-Achse anschmiegt.

38. Eine Polynomfunktion 4. Grades hat höchstens vier Nullstellen. Sie kann aber auch keine reelle Nullstelle besitzen.

keine Nullstelle	eine Nullstelle	zwei Nullstellen	drei Nullstellen	vier Nullstellen
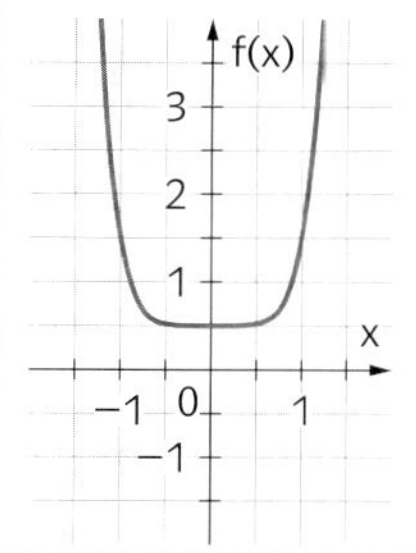	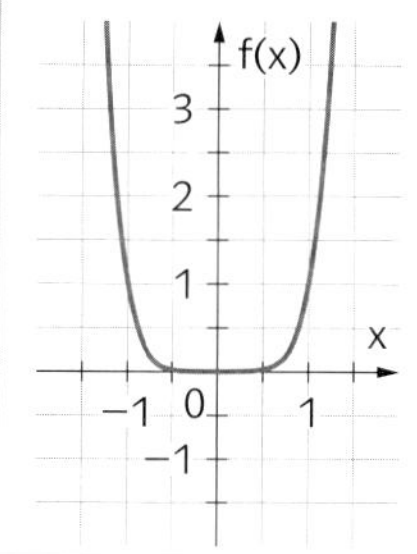	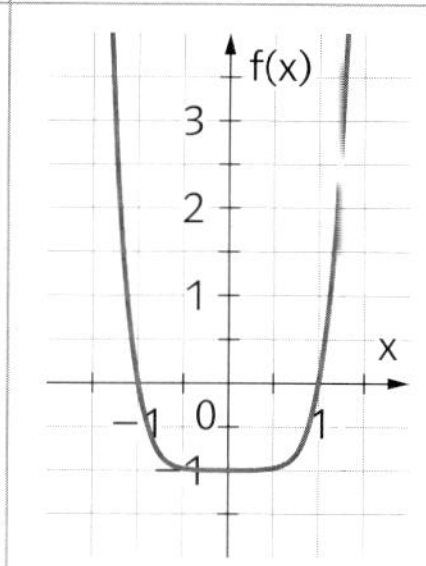	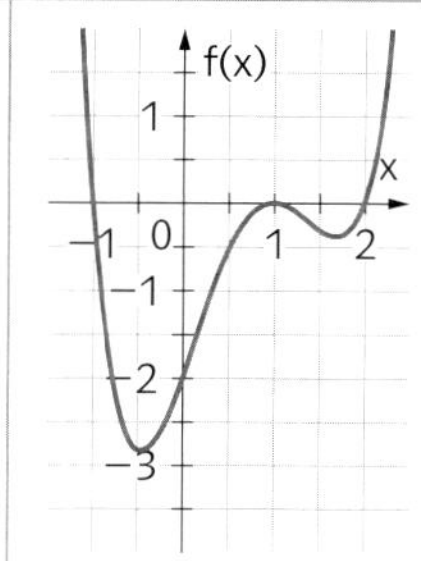	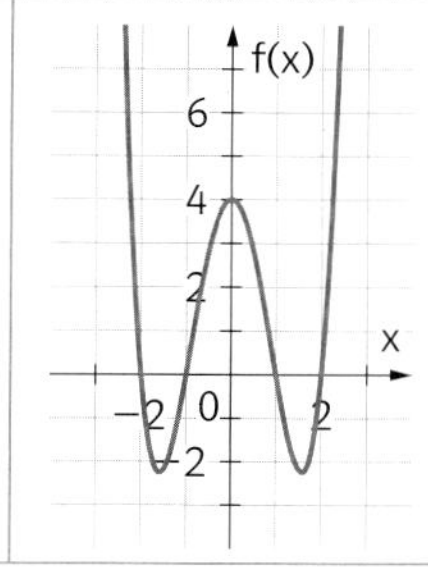

39. B, C

40. (1) $f(x) = (x + 2)^3$ (2) eine dreifache Nullstelle

41. B, E

42.
a) z. B. $f(x) = x^4 - 5x^3 - x^2 + 5x$
b) z. B. $f(x) = x^4 + x^3 - 28x^2 - 16x + 192$
c) z. B. $f(x) = x^4 + 8x^3 + 24x^2 + 32x + 16$
d) z. B. $f(x) = x^4 - 10x^3 + 33x^2 - 40x + 16$
e) z. B. $f(x) = x^4 - 23x^3 + 195x^2 - 725x + 1000$
f) z. B. $f(x) = x^4$

43.
a) $\approx 30{,}31\,\text{m}$
b) Schnittstellen (Schiff – Wasserlinie): $S_1 \approx -14{,}521$; $S_2 \approx -14{,}521$
Länge des Schiffes: $14{,}521 + 14{,}521 = 29{,}042$
$v \approx 24{,}25\,\text{km/h}$, Zeit in der die Regattastrecke durchfahren wird: ≈ 19 Stunden
c) Die Funktion f ist biquadratisch und ist deshalb symmetrisch zur y-Achse.
d) 1 C, 2 E, 3 B, 4 F

44.–50. Selbstkontrolle (Lösungen im Schulbuch)

51.–58. Kompetenzcheck (Lösungen im Schulbuch)

Einschub: Vorwissenschaftliches Arbeiten

59. individuell

60. individuell

2 Grundlagen der Differentialrechnung

Kapitel 2
2z6433

61. a) 1) −35 2) −2,19
b) 1) −15 2) 1,67
c) 1) 0 2) 0
d) 1) −35 2) −1,75

62. In der 4. Woche gab es um ca. 12,27% weniger Zuschauer als in der 2. Woche.

63. absolute Änderung: −795 prozentuelle Änderung: −0,0456
Im Jahr 2014 gab es 795 weniger Scheidungen als im Jahr 2010.
Die Anzahl der Scheidungen ist um 4,56% zurückgegangen.

64. a) −3 b) 5 c) 15 d) −60 e) $-\frac{1}{40}$ f) $\frac{2}{5}$ g) −0,03 h) 108 489,8

65. a) 5° Die Temperatur ist im gegebenen Zeitraum um 5° gestiegen.
4° Die Temperatur ist im gegebenen Zeitraum um 4° gestiegen.
−4° Die Temperatur ist im gegebenen Zeitraum um 4° gesunken.

b) 1,25°/Stunde Die Temperatur ist im gegebenen Zeitraum im Mittel um 1,25° pro Stunde gestiegen.
0,36°/Stunde Die Temperatur ist im gegebenen Zeitraum im Mittel um 0,36° pro Stunde gestiegen.
−0,57°/Stunde Die Temperatur ist im gegebenen Zeitraum im Mittel um 0,57° pro Stunde gesunken.

c) [5; 23]; Die absolute Änderung und die mittlere Änderungsrate nehmen in einem Intervall [a; b] den Wert 0 an, wenn gilt: f(b) = f(a).

66. a) 19 030 Die Anzahl der Zugriffe ist im gegebenen Zeitraum um 19 030 gestiegen.
30 540 Die Anzahl der Zugriffe ist im gegebenen Zeitraum um 30 540 gestiegen.
4 560 Die Anzahl der Zugriffe ist im gegebenen Zeitraum um 4 560 gestiegen.
126 402 Die Anzahl der Zugriffe ist im gegebenen Zeitraum um 126 402 gestiegen.

b) ca. 488 Zugriffe/Tag Die Anzahl der Zugriffe ist im gegebenen Zeitraum im Mittel um ca. 488 Zugriffe pro Tag gestiegen.
ca. 424 Zugriffe/Tag Die Anzahl der Zugriffe ist im gegebenen Zeitraum im Mittel um ca. 424 Zugriffe pro Tag gestiegen.
ca. 93 Zugriffe/Tag Die Anzahl der Zugriffe ist im gegebenen Zeitraum im Mittel um ca. 93 Zugriffe pro Tag gestiegen.
ca. 1975 Zugriffe/Tag Die Anzahl der Zugriffe ist im gegebenen Zeitraum im Mittel um ca. 1975 Zugriffe pro Tag gestiegen.

67. 1,25°/min Die Temperatur ist im Zeitraum [0; 8] im Mittel um 1,25° pro Minute gestiegen.

68. a) 30 €/Stück Kauft man 20 Stück, so kostet ein Stück 30 €.
b) 10 €/Stück Ab einem Kauf von 20 Stück, kostet jedes weitere Stück 10 € (bis zu einem Kauf von 40 Stück).
c) 20 €/Stück Kauft man 40 Stück, so kostet jedes Stück im Durchschnitt 20 €.

69. −0,09615 Der Luftdruck nimmt im Intervall [2 000; 2 500] im Mittel um 0,09615 hPa/m ab.

70. Die mittlere Änderungsrate ist in allen gegebenen Intervallen 2π, dh. der Umfang des Kreises vergrößert sich in allen Intervallen im Mittel um 2π.

71. Der gegebene Ausdruck ist der Differenzenquotient von V in [2; 6]. Er beschreibt die durchschnittliche Änderung des Volumens in Abhängigkeit vom Radius r im Intervall [2; 6].

72. a) [0; 2] Der Flächeninhalt des Kreises erhöht sich im Intervall [0; 2] im Mittel um $2\pi\ m^2/m$.
[2; 4] Der Flächeninhalt des Kreises erhöht sich im Intervall [2; 4] im Mittel um $6\pi\ m^2/m$.
[4; 6] Der Flächeninhalt des Kreises erhöht sich im Intervall [4; 6] im Mittel um $10\pi\ m^2/m$.

b) $\pi \cdot (u + v)\ m^2/m$

c) Nein, der Differenzenquotient kann nicht negativ sein, da der Radius des Kreises positiv sein muss. Aus diesem Grund kann der Ausdruck $\pi \cdot (u + v)$ für alle positiven u und v nur positiv sein.

d) Die Differenzenquotienten in den gegebenen Intervallen sind 7π; $6{,}5\pi$; $6{,}1\pi$; $6{,}000001\pi$. Je näher sich die rechte Intervallgrenze an 3 nähert, desto näher liegt der Differenzenquotient bei 6π.

73. a) [0; 2] Das Volumen der Kugel erhöht sich im Intervall [0; 2] im Mittel um $\frac{16}{3}\pi\ m^3/m$.
[2; 4] Das Volumen der Kugel erhöht sich im Intervall [2; 4] im Mittel um $\frac{112}{3}\pi\ m^3/m$.
[4; 6] Das Volumen der Kugel erhöht sich im Intervall [4; 6] im Mittel um $\frac{304}{3}\pi\ m^3/m$.

b) $\frac{4}{3}\pi \cdot (v^2 + uv + v^2)\ m^3/m$

c) Die Differenzenquotienten in den gegebenen Intervallen sind 49π; $42{,}3\pi$; $36{,}001\pi$; 36π. Je näher sich die rechte Intervallgrenze an 3 nähert, desto näher liegt der Differenzenquotient bei 36π.

74. $\frac{4d - 4c}{d - c} = 4\ m/m$

75.

a) 1)	480 Bakterien	Die Anzahl der Bakterien nimmt im gegebenen Intervall um ca. 480 zu.
2)	120 Bakterien/h	Die Anzahl der Bakterien nimmt im gegebenen Intervall im Mittel um 120 Bakterien pro Stunde zu.
3)	3	Zum Zeitpunkt 8 gibt es ca. um 300 % mehr Bakterien als zum Zeitpunkt 4.
b) 1)	13 Bakterien	Die Anzahl der Bakterien nimmt im gegebenen Intervall um ca. 13 zu.
2)	6,55 Bakterien/h	Die Anzahl der Bakterien nimmt im gegebenen Intervall im Mittel um 6,55 Bakterien pro Stunde zu.
3)	0,75	Zum Zeitpunkt 4 gibt es ca. um 75 % mehr Bakterien als zum Zeitpunkt 2.
c) 1)	−361 Bakterien	Die Anzahl der Bakterien nimmt im gegebenen Intervall um ca. 361 ab.
2)	−180,6 Bakterien/h	Die Anzahl der Bakterien nimmt im gegebenen Intervall im Mittel um 180,6 Bakterien pro Stunde ab.
3)	−0,237	Zum Zeitpunkt 4 gibt es ca. um 23,7 % weniger Bakterien als zum Zeitpunkt 2.
d) 1)	−3 905 Bakterien	Die Anzahl der Bakterien nimmt im gegebenen Intervall um ca. 3 905 ab.
2)	−781 Bakterien/h	Die Anzahl der Bakterien nimmt im gegebenen Intervall im Mittel um 781 Bakterien pro Stunde ab.
3)	−0,943	Zum Zeitpunkt 6 gibt es ca. um 94,3 % weniger Bakterien als zum Zeitpunkt 1.

76. B, C, D, E

77. 1) Im Jahr 2014 wurden 2 058 Personen weniger verurteilt als im Jahr 2 012.
2) Im Jahr 2014 wurden um ca. 6,4 % Personen weniger verurteilt als im Jahr 2 012.
3) Im Mittel ist die Anzahl der verurteilten Personen von 2 012 bis 2 014 um 1029 Personen/Jahr gesunken.

78. Musteraufgabe

79. **a)** 35 m/s — Die mittlere Geschwindigkeit des Balls ist im Intervall [0; 2] 35 m/s.
15 m/s — Die mittlere Geschwindigkeit des Balls ist im Intervall [2; 4] 15 m/s.
b) 0 m/s — Der Ball ist nach 4 Sekunden auf derselben Höhe wie nach 5 Sekunden.
–15 m/s — Die mittlere Geschwindigkeit des Balls ist im Intervall [4; 8] –15 m/s, dh. der Ball fällt im Mittel um 15 Meter pro Sekunde.

80. **a)** 25 m/s — Die mittlere Geschwindigkeit des Steins ist im Intervall [0; 2] 25 m/s.
15 m/s — Die mittlere Geschwindigkeit des Steins ist im Intervall [1; 3] 15 m/s.
b) –10 m/s — Der Stein hat in dieser Sekunde 10 Meter an Höhe verloren.
–25 m/s — Die mittlere Geschwindigkeit des Steins ist im Intervall [4; 8] –25 m/s, dh. der Stein fällt im Mittel um 25 Meter pro Sekunde.

81. **a)** AB: ca. 118,18 km/h BC: ca. 112,3 km/h
b) AB: ca. 73,55 km/h BC: ca. 51 km/h

82. 6,2 m/s Die mittlere Geschwindigkeit des Radfahrers im Intervall [0; 7] ist ca. 6,2 m/s.

83. **a)** 12 **b)** –4 **c)** –4 **d)** –45 **e)** r **f)** –z **g)** x **h)** 1

84. Musteraufgabe

85. **a)** 1)
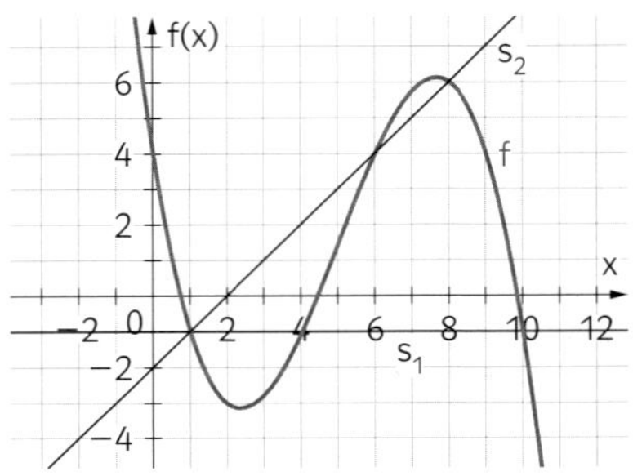

2) 0 bzw. 1 3) $s_1(x) = -1$ $s_2(x) = x - 2$

b) 1)
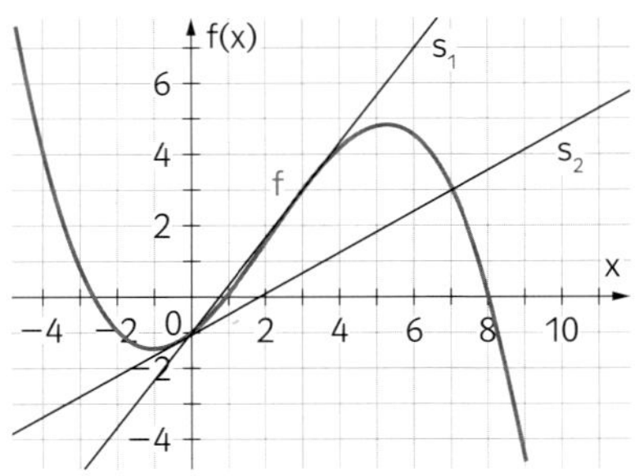

2) $\frac{4}{3}$ bzw. $\frac{4}{7}$ 3) $s_1(x) = \frac{4}{3}x - 1$ $s_2(x) = \frac{4}{7}x - 1$

c) 1)
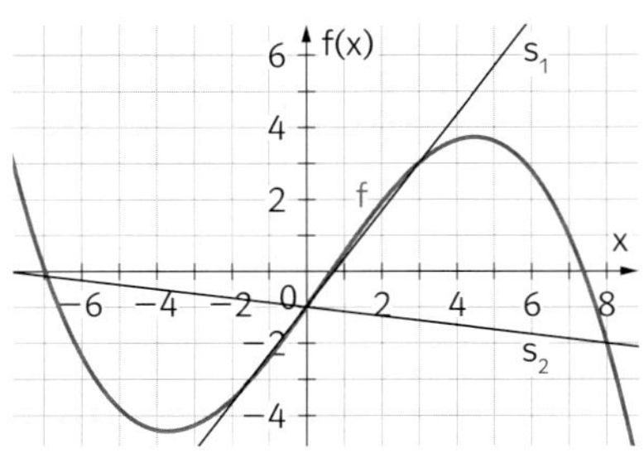

2) $\frac{4}{3}$ bzw. $-\frac{1}{8}$ 3) $s_1(x) = \frac{4}{3}x - 1$ $s_2(x) = -\frac{1}{8}x - 1$

d) 1)

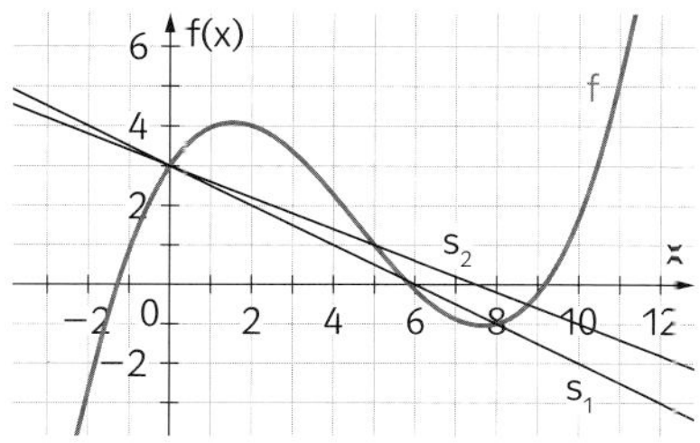

2) $-\frac{2}{5}$ bzw. $-\frac{1}{2}$ 3) $s_1(x) = -\frac{1}{2}x + 3$ $s_2(x) = -\frac{2}{5}x + 3$

86. **a)** 2 Die Funktion wächst in [−3; 5] im Mittel um 2.
b) 0 Die Funktion wächst in [−3; 5] im Mittel nicht.
c) 0 Die Funktion wächst in [−3; 5] im Mittel nicht.
d) 57 Die Funktion wächst in [−3; 5] im Mittel um 57.
e) 13 Die Funktion wächst in [−3; 5] im Mittel um 13.
f) −32 Die Funktion fällt in [−3; 5] im Mittel um 32.

87. 1) zB. [0; 1] [0; 2] [6; 9] 2) zB. [2; 4] [2; 6] [2; 9]

88. **a)** Die Aussage ist falsch, da hier nur die Funktionswerte an den Stellen u und r verglichen werden. Die Monotonie einer allgemeinen Funktion kann daher im Intervall [u; r] nicht angegeben werden.
b) Die Aussage ist falsch, da nur die Funktionswerte an den Stellen u und r übereinstimmen müssen. Im Intervall [u; r] kann die Funktion auch nicht monoton sein.
c) Die Aussage ist richtig, da aus $\frac{f(r) - f(u)}{r - u} < 0$ folgt: $f(r) < f(u)$.
d) Diese Aussage ist falsch, da nur die Funktionswerte an den Stellen u und r übereinstimmen müssen. Die Stellen r und u sind laut Angabe verschieden.
e) Diese Aussage ist richtig, da alle Funktionswerte einer konstanten Funktion übereinstimmen.

89. **a)** zB. $f(x) = 4x + 2$ **b)** zB. $f(x) = 4x + 7$

90. **a)** zB. $f(x) = x^2$ [−2; 4] **b)** zB. $f(x) = x^2$ [−4; 2]

91. **a)** Ist eine Funktion f in einem Intervall [a; b] streng monoton steigend, dann gilt $f(b) > f(a)$.
Da auch $b > a$ gilt, muss der Differenzenquotient von f in [a; b] mit $\frac{f(b) - f(a)}{b - a}$ positiv sein.
b) Ist eine Funktion f in einem Intervall [a; b] streng monoton fallend, dann gilt $f(b) < f(a)$.
Da $b > a$ gilt, muss der Differenzenquotient von f in [a; b] mit $\frac{f(b) - f(a)}{b - a}$ negativ sein.

92. (1) null (2) $f(a) = f(b)$

93. A, B

94. **a)** $\frac{h(r + s) - h(r)}{s}$ **b)** $\frac{V(u) - V(-u)}{2u}$ **c)** $\frac{h(s + v) - h(s)}{v}$ **d)** $\frac{N(r + 2) - N(r - 2)}{4}$
e) $\frac{S(v) - S(u)}{v - u}$ **f)** $V(u - 8) - V(u - 9)$

95. **a)** $x^2 + 2x + 4$ **b)** $x^3 + 2x^2 + 4x + 8$ **c)** $x^2 + 3x - 4$ **d)** $x^2 + 7x - 44$

96. **a)** 5,6 m/s **b)** 50 m/s **c)** 4,5 m/s **d)** 40 m/s

97. **a)** 30,5 m/s **b)** 20,5 m/s **c)** 50,5 m/s **d)** 10,5 m/s **e)** 40,5 m/s **f)** 60,5 m/s

98. **a)** [2; 3]: 5 m/s [2; 2,5]: 7,5 m/s [2; 2,1]: 9,5 m/s [2; 2,000001]: 9,999996 m/s
Vermutung: Die momentane Geschwindigkeit zum Zeitpunkt $t = 2$ beträgt 10 m/s.
b) 0 m/s

99. a) 1) 20 m/s 2) nach 7 Sekunden mit (–) 50 m/s
b) 1) 35 m/s 2) nach 8 Sekunden mit (–) 45 m/s
c) 1) 45 m/s 2) nach 12 Sekunden mit (–) 75 m/s
d) 1) 25 m/s 2) nach 7 Sekunden mit (–) 45 m/s

100. a) 1) nach 50 Sekunden
2) –94 l/s Die Abflussgeschwindigkeit zum Zeitpunkt t = 3 ist 94 l/s, dh. würde die Geschwindigkeit so bleiben, würden 94 Liter pro Sekunde aus dem Gefäß rinnen.
b) 1) nach 30 Sekunden
2) –6 l/s Die Abflussgeschwindigkeit zum Zeitpunkt t = 3 ist 6 l/s, dh. würde die Geschwindigkeit so bleiben, würden 6 Liter pro Sekunde aus dem Gefäß rinnen.
c) 1) nach 7 Sekunden
2) –12 l/s Die Abflussgeschwindigkeit zum Zeitpunkt t = 3 ist 12 l/s, dh. würde die Geschwindigkeit so bleiben, würden 12 Liter pro Sekunde aus dem Gefäß rinnen.

101. B, C, D

102. a) $s'(5) = \lim\limits_{u \to 0} \frac{s(5+u) - s(5)}{u}$
b) Setzt man z = x + u, dann erhält man die neue Schreibweise. Da man bei der Grenzwertberechnung z gegen x gehen lässt, muss bei der neuen Schreibweise u gegen 0 gehen.

103. a) 5 m/s b) 55 m/s c) 5,5 m/s d) 50 m/s

104. k

105. a) $36\pi\,cm^3/cm$ b) $196\pi\,cm^3/cm$ c) $256\pi\,cm^3/cm$
d) $324\pi\,cm^3/cm$ e) $4u^2\pi\,cm^3/cm$

106. a) 2 b) –3 c) 0

107. Musteraufgabe

108. a) 1)
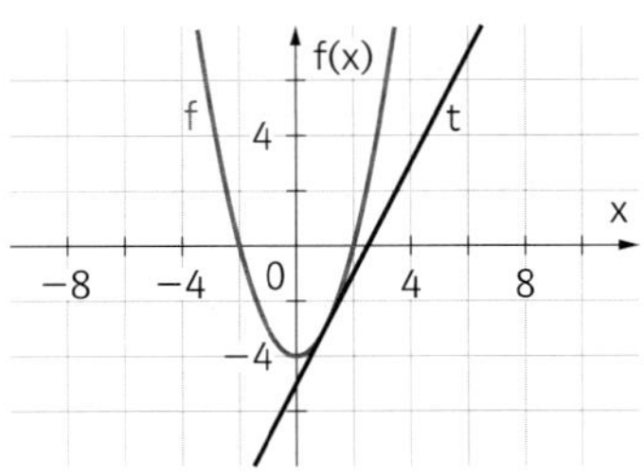

2) 2 3) t(x) = 2x – 5

b) 1)
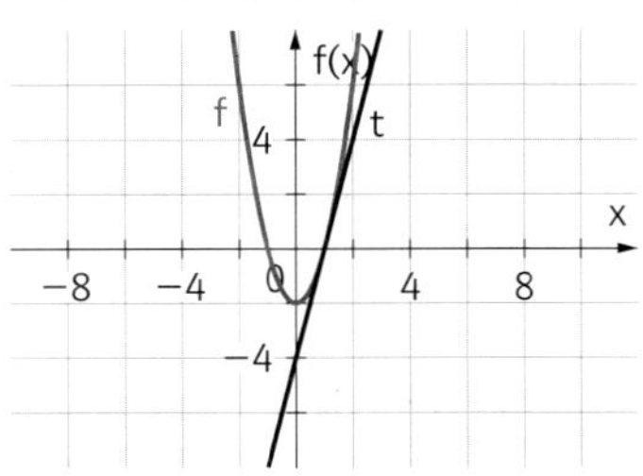

2) 4 3) t(x) = 4x – 4

c) 1)
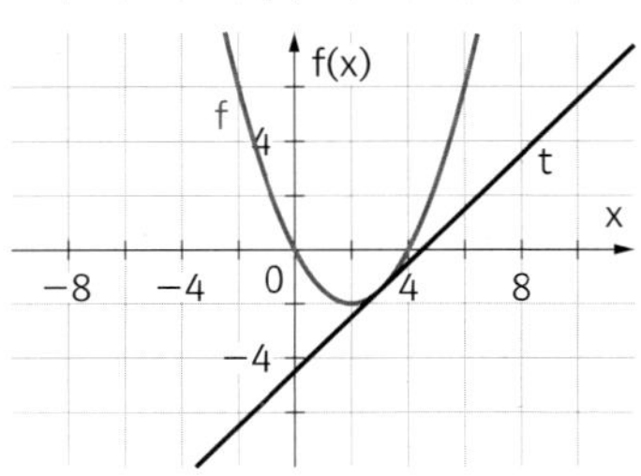

2) 1 3) t(x) = x – 4,5

d) 1)

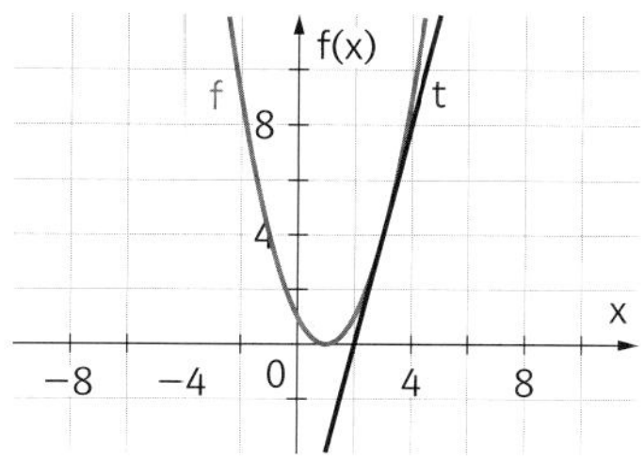

2) 4 3) $t(x) = 4x - 8$

109. a) 1) zB. −4 2) zB. −6 3) zB. 1 4) −3 5) 3
b) 1) zB. 2 2) zB. −2 3) zB. 8 4) 4 5) −4

110. a) 1) zB. (2; 3) 2) zB (0; 2) 3) 0 bzw. 2 4) zB. (0; 3)
b) 1) zB. (3; 5) 2) zB (−3; 3) 3) −3 bzw. 3 4) zB. (0; 5)
c) 1) zB. (2; 3) 2) zB (0; 2) 3) −2 bzw. 0 4) zB. (0; 2)

111. zB.

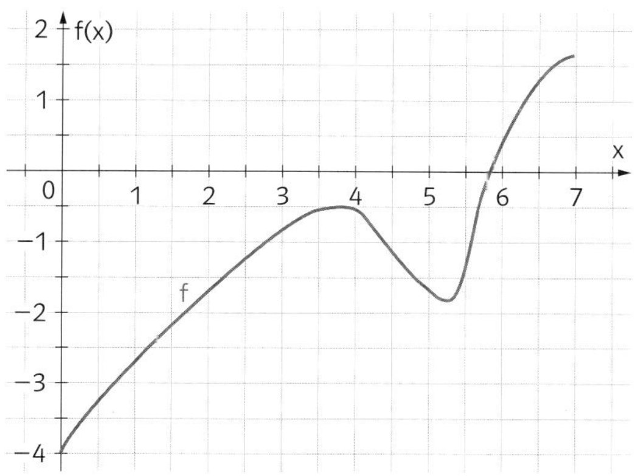

112. A, D

113. a) 2, 3, 5, 7, 9, 10
b) 3, 5, 7, 8, 9, 10
c) 1, 3
d) 5, 6, 8, 9, 10

114. individuell

115. Musteraufgabe

116. a) $f'(x) = 2x$ b) $f'(x) = 3x^2$ c) $f'(x) = 4x^3$ d) $f'(x) = 5x^4$ e) $f'(x) = 7x^6$

117. Musteraufgabe

118. a) $f'(x) = 5x^4$ $f'(-1) = 5$ f) $f'(x) = 11x^{10}$ $f'(-1) = 11$
b) $f'(x) = 4x^3$ $f'(-1) = -4$ g) $f'(x) = 34x^{33}$ $f'(-1) = -1$
c) $f'(x) = 3x^2$ $f'(-1) = 3$ h) $f'(x) = 25x^{24}$ $f'(-1) = 25$
d) $f'(x) = 6x^5$ $f'(-1) = -6$ i) $f'(x) = 12x^{11}$ $f'(-1) = -12$
e) $f'(x) = 9x^8$ $f'(-1) = 9$ j) $f'(x) = 2x$ $f'(-1) = -2$

119. a) $f'(x) = \lim_{z \to x} \frac{z - x}{z - x} = 1$
b) $f'(x) = 1 \cdot x^0 = 1$
c) Da die Funktion eine lineare Funktion ist, ist der Differentialquotient von f an jeder Stelle k. Da k in diesem Fall 1 ist, gilt $f'(x) = 1$.

120. Musteraufgabe

121. Es wird jeweils die Regel der multiplikativen Konstanten und die Potenzregel verwendet.

a) $f'(x) = 12x^2$ **e)** $f'(x) = 45x^8$ **i)** $f'(x) = 21x^{11}$

b) $f'(x) = -20x^3$ **f)** $f'(x) = -5{,}5x^{10}$ **j)** $f'(x) = -x^8$

c) $f'(x) = -48x^5$ **g)** $f'(x) = \frac{63}{4}x^{20}$

d) $f'(x) = -14x^6$ **h)** $f'(x) = -35x^{24}$

122. Bei den Aufgaben a, c, e, g und i wurden die Regel der multiplikativen Konstanten sowie die Potenzregel verwendet.
Bei den Aufgaben b, d, f, h und j wurde die Regel „Ableitung einer konstanten Funktion" verwendet.

a) $f'(x) = 1$ **c)** $f'(x) = -1$ **e)** $f'(x) = 102$ **g)** $f'(x) = 12$ **i)** $f'(x) = -8$

b) $f'(x) = 0$ **d)** $f'(x) = 0$ **f)** $f'(x) = 0$ **h)** $f'(x) = 0$ **j)** $f'(x) = 0$

123. **a)** $f'(x) = \lim\limits_{z \to x} \frac{c - c}{z - x} = 0$

b) Da die Funktion eine konstante Funktion ist, ist der Differentialquotient von f an jeder Stelle 0. Daher gilt $f'(x) = 0$.

124.
a) $f'(x) = 2x - 1$ Differenzenregel, Potenzregel
b) $f'(x) = 7x^6 + 1$ Summenregel, Potenzregel
c) $f'(x) = 14x^{13} - 5x^4$ Differenzenregel, Potenzregel
d) $f'(x) = 22x^{11}$ Summenregel, Potenzregel, „Ableitung einer konstanten Funktion"

125.
a) $f'(x) = -6x - 5$ **e)** $f'(x) = -36x^2 - 2x - 3$
b) $f'(x) = -48x^3 - 15x^2 - 10x$ **f)** $f'(x) = -6x - 15x^2 - 1$
c) $f'(x) = -15x^4 + 24x - 6$ **g)** $f'(x) = -27x^8 - 3x^2 + 1$
d) $f'(x) = 44x - 20x^3 + 7$ **h)** $f'(x) = -12x^2 + 1$

126.
a) $f'(x) = -\frac{12}{5}x^3 + \frac{3}{2}x^2 - \frac{3}{8}$ **c)** $f'(x) = -x^{10} + \frac{1}{2}x^3 - \frac{6}{5}$.
b) $f'(x) = \frac{7}{5}x^4 + 2x^6 - 3x + \frac{1}{2}$ **d)** $f'(x) = -\frac{3}{2}x^3 + \frac{2}{3}x^2 - 1$

127. **a)** $f'(x) = 2x - 1$ **b)** $f'(x) = 2x - 1$ **c)** $f'(x) = 2x - 4$

128. 1-F; 2-C; 3-D; 4-A

129. Musteraufgabe

130.
a) $t(x) = -27x - 48$ **c)** $t(x) = 3x - 3$ **e)** $t(x) = -10x + 5$
b) $t(x) = 4x + 4$ **d)** $t(x) = -0{,}5x + 0{,}25$ **f)** $t(x) = 0$

131. Musteraufgabe

132. **a)** $P = \left(\frac{4}{3} \middle| -\frac{16}{3}\right)$ **b)** $P = (6 \mid 14)$ **c)** $P_1 = (-4 \mid 340)$ $P_2 = (6 \mid -320)$ **d)** $P_1 = (1 \mid -5)$ $P_2 = (3 \mid -27)$

133. Musteraufgabe

134. **a)** $P = \left(\frac{11}{4} \middle| -\frac{35}{16}\right)$ **b)** $P = \left(\frac{1}{2} \middle| \frac{23}{4}\right)$ **c)** $P_1 = \left(3 \middle| -\frac{19}{2}\right)$ $P_2 = \left(4 - \frac{56}{3}\right)$

d) $P_1 = (-2 \mid 3)$ $P_2 = \left(1 \middle| -\frac{21}{4}\right)$ $P_3 = \left(7 \middle| -\frac{1221}{4}\right)$

135.
a) $t(x) = \frac{3}{5}x - \frac{251}{25}$ **c)** $t_1(x) = 3x + \frac{281}{6}$ $t_2(x) = 3x - \frac{31}{3}$

b) $t(x) = -\frac{1}{2}x - \frac{103}{128}$ **d)** $t_1(x) = \frac{2}{15}x + \frac{1514}{375}$ $t_2(x) = \frac{2}{5}x + \frac{3\,217}{810}$

136. Zusammenhänge: zB. Ist f in einem Intervall streng monoton steigend, dann sind die Funktionswerte von f′ in diesem Intervall positiv.
Ist f in einem Intervall streng monoton fallend, dann sind die Funktionswerte von f′ in diesem Intervall negativ.
Besitzt der Graph von f an einer Stelle p eine Extremstelle, dann ist der Funktionswert von f′ an dieser Stelle 0.

a)

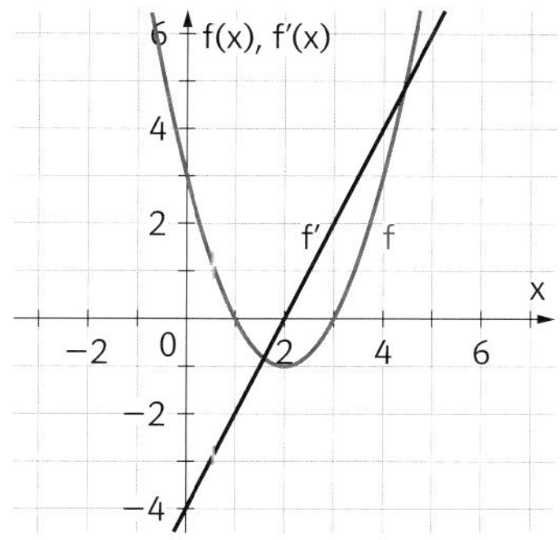

$f'(x) = 2x - 4$

x	0	1	2	3	4
f(x)	3	0	−1	0	3
f′(x)	−4	−2	0	2	5

b)

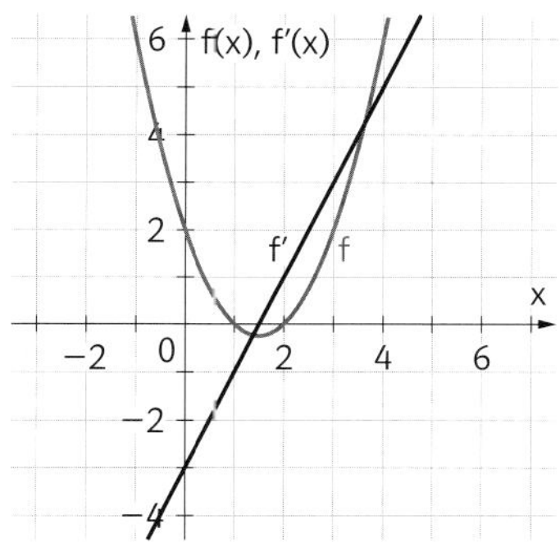

$f'(x) = 2x - 3$

x	−1	0	1	2	3
f(x)	6	2	0	0	2
f′(x)	−5	−3	−1	1	3

c)

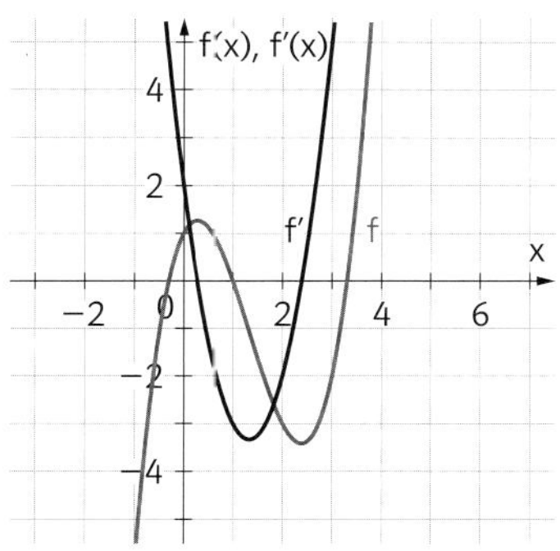

$f'(x) = 3x^2 - 8x + 2$

x	−1	0	1	2	3	4
f(x)	−6	1	0	−3	−2	9
f′(x)	13	2	−3	−3	5	18

d)

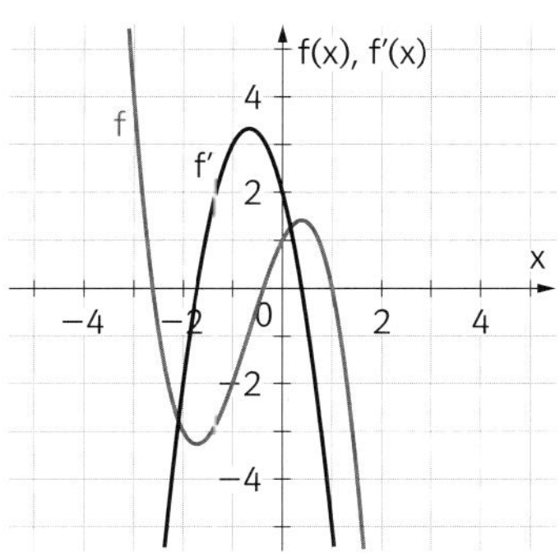

$f'(x) = -3x^2 - 4x + 2$

x	−3	−2	−1	0	1	2
f(x)	4	−3	−2	1	0	−11
f′(x)	−13	−2	3	2	−5	−18

137. **a)** $t(x) = 2x + 3$ **b)** $t(x) = 3x - 11$ **c)** $t(x) = -2x + 2$ **d)** $t(x) = 4x + 10$

138. **a)** $s'(t) = g \cdot t$ Mithilfe von s' kann die momentane Geschwindigkeit der Person zum Zeitpunkt t berechnet werden.

b) Die Athletinnen landen nach ca. zwei Sekunden mit einer Geschwindigkeit von ca. 20 m/s im Wasser. Die Athleten landen nach ca. 2,32 Sekunden mit einer Geschwindigkeit von ca. 23,2 m/s im Wasser.

c) zB. Springt eine Athletin aus 20 Meter Höhe ins Wasser, dann kann mittels der Funktion h die Höhe der Frau zum Zeitpunkt t berechnet werden (gemessen über dem Wasser).

d) $u = \frac{g}{2} \cdot t^2 \Rightarrow t = \sqrt{\frac{2u}{g}} \Rightarrow s'(t) = v(t) = g \cdot \sqrt{\frac{2u}{g}} = \sqrt{2ug}$

139. **a)**

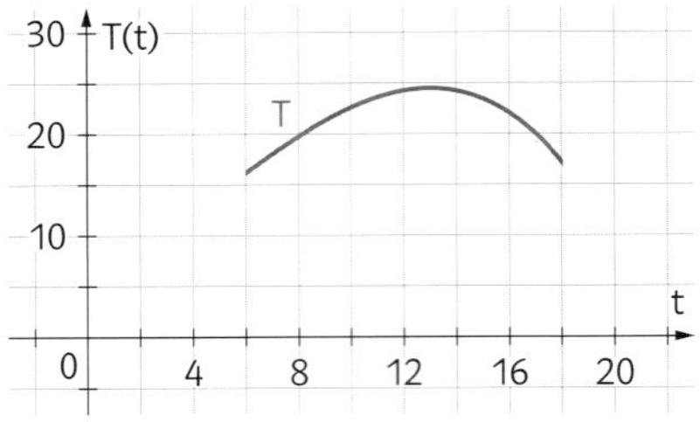

b) Die Temperatur steigt zwischen 6 und 18 Uhr im Mittel um 0,09° C pro Stunde.

c) 1,65° C/h 0,45° C/h −2,4° C/h
Würde die Temperatur sich so weiter entwickeln wie um 8 Uhr / 12 Uhr / 17 Uhr, dann würde die Temperatur um 1,65°C pro Stunde steigen/um 0,45°C pro Stunde steigen/um 2,4°C pro Stunde fallen.
Eine negative momentane Änderungsrate bedeutet in diesem Kontext, dass die Temperatur sinkt.

140. **a)** $h'(t) = -10t + 30$ Mithilfe von h' kann die momentane Geschwindigkeit der Kugel zum Zeitpunkt t ermittelt werden.

b) 10 m/s bzw. −15 m/s Die mittlere Geschwindigkeit der Kugel ist im Intervall [1; 3] 10 m/s, im Intervall [2; 7] −15 m/s.

c) Die Kugel landet nach acht Sekunden mit einer Geschwindigkeit von (–) 50 m/s am Boden.

d) nach 1,5 Sekunden

e) $h(0) = h_0$ bzw. $h'(0) = v_0$

141. **a)** $h'(t) = -10t + v_0$ Mithilfe von h' kann die momentane Geschwindigkeit der Kugel zum Zeitpunkt t ermittelt werden.

b) $h'(0) = v_0$

c) Die Kugel landet nach $\frac{v_0}{5}$ Sekunden mit einer Geschwindigkeit von (–) v_0 m/s am Boden.

142. **a)** 2,6 m/s Die mittlere Geschwindigkeit des Körpers in [1; 3] ist 2,6 m/s.

b) 3,4 m/s 5 m/s 7,4 m/s

c) nach 10 Sekunden

d) Die Geschwindigkeit des Körpers nimmt pro Sekunde um 0,8 m/s zu.

143. **a)** $V'(r) = 4r^2\pi$ Man erhält die Formel für die Oberfläche einer Kugel.

b) $A'(r) = 2r\pi$ Man erhält die Formel für den Umfang des Kreises.

c) $V'(r) = 2r\pi h$ Man erhält die Formel für die Mantelfläche eines Zylinders.

d) $V'(h) = r^2\pi$ Man erhält die Formel für die Kreisfläche (Grundfläche des Zylinders).

144. Musteraufgabe

145. **a)** $\frac{df}{dx} = 3x^2 - 6x + 5$ **c)** $\frac{df}{dc} = 8c^7 - 12c^2 + 1$

b) $\frac{df}{da} = 4a^3 - 14a + 5$ **d)** $\frac{df}{dv} = -9v^2 + 4v - 5$

146. a) $\frac{dU}{ds}$ b) $\frac{dR}{dt}$ c) $\frac{dV}{dr}$

147. Musteraufgabe

148.
a) $\frac{dV}{dr} = 2r\pi h$ $\frac{dV}{dh} = r^2\pi$

b) $\frac{dV}{dr} = 2r\pi + 2\pi h$ $\frac{dV}{dh} = 2r\pi$

c) $\frac{dR}{dr} = 2r\pi h$ $\frac{dR}{dh} = r^2\pi + 1$

d) $\frac{dU}{da} = 2a + 2b$ $\frac{dU}{db} = 2a + 2b$

e) $\frac{dA}{dx} = 3x^2 + 2xy + z^3 + y$ $\frac{dA}{dy} = x^2 + x$ $\frac{dA}{dz} = 3xz^2$

f) $\frac{dA}{dx} = 3x^2y^2 + 1 + yz$ $\frac{dA}{dy} = 2x^3y + 3y^2 + xz$ $\frac{dA}{dz} = 3z^2 + xy$

149. Musteraufgabe

150.
a) $f'(x) = -10x^4 + 9x^2 + 4x$ $f'''(x) = -120x^2 + 18$
$f''(x) = -40x^3 + 18x + 4$ $f^{IV}(x) = -240x$

b) $f'(x) = -18x^5 + 36x^2 - 10x$ $f'''(x) = -360x^3 + 72$
$f''(x) = -90x^4 + 72x - 10$ $f^{IV}(x) = -1080x^2$

c) $f'(x) = 5x^4 + 48x^3 - 18x^2 + 2$ $f'''(x) = 60x^2 + 288x - 36$
$f''(x) = 20x^3 + 144x^2 - 36x$ $f^{IV}(x) = 120x + 288$

d) $f'(x) = -\frac{8}{7}x^3 + \frac{9}{4}x^2 - 2$ $f'''(x) = -\frac{48}{7}x + \frac{9}{2}$
$f''(x) = -\frac{24}{7}x^2 + \frac{9}{2}x$ $f^{IV}(x) = -\frac{48}{7}$

e) $f'(x) = -\frac{10}{7}x^4 + \frac{9}{4}x^2 - 4x + 1$ $f'''(x) = -\frac{120}{7}x^2 + \frac{9}{2}$
$f''(x) = -\frac{40}{7}x^3 + \frac{9}{2}x - 4$ $f^{IV}(x) = -\frac{240}{7}x$

f) $f'(x) = \frac{9}{5}x^2 - 6x^3 + 1$ $f'''(x) = \frac{18}{5} - 36x$
$f''(x) = \frac{18}{5}x - 18x^2$ $f^{IV}(x) = -36$

151.
a) $f'(x) = -16x^3 - 15x^2 - 2x - 4$ $f^{IV}(x) = -96$
$f''(x) = -48x^2 - 30x - 2$ $f^{V}(x) = 0$
$f'''(x) = -96x - 30$

b) $f'(x) = 6x^5 + 9x^2 - 4x - 1$ $f^{IV}(x) = 360x^2$ $f^{VI}(x) = 0$
$f''(x) = 30x^4 + 18x - 4$ $f^{V}(x) = 720x$
$f'''(x) = 120x^3 + 18$ $f^{VI}(x) = 720$

c) $f'(x) = -\frac{9}{8}x^2 + \frac{3}{2}x - 5$ $f'''(x) = -\frac{9}{4}$
$f''(x) = -\frac{9}{4}x + \frac{3}{2}$ $f^{IV}(x) = 0$

d) $f'(x) = -\frac{10}{3}x^4 + \frac{1}{2}x - 1$ $f^{IV}(x) = -80x$
$f''(x) = -\frac{40}{3}x^3 + \frac{1}{2}$ $f^{V}(x) = -80$
$f'''(x) = -40x^2$ $f^{VI}(x) = 0$

152. Die Funktion muss (n + 1)-mal abgeleitet werden. Differenziert man eine Polynomfunktion n-ten Grades, erhält man eine Polynomfunktion (n − 1)-ten Grades. Leitet man eine Polynomfunktion n-ten Grades n-mal ab, erhält man eine konstante Funktion. Mittels einer weiteren Ableitung erhält man die gesuchte Funktion.

153. Musteraufgabe

154. a) $18\,m/s$; $6\,m/s^2$ b) $20\,m/s$; $4\,m/s^2$ c) $5{,}2\,m/s$; $0{,}6\,m/s^2$ d) $16\,m/s$; $6\,m/s^2$ e) $36\,m/s$; $36\,m/s^2$ f) $3\,m/s$; $0\,m/s^2$

155. Der Körper bremst mit einer konstanten Beschleunigung von $(-)4\,m/s^2$.

156. Der Körper bewegt sich mit einer konstanten Geschwindigkeit und beschleunigt nicht.

157. Der Ausdruck bedeutet die momentane Beschleunigung zum Zeitpunkt a.

158. a) $g(x) = 5{,}675x - 3{,}15$ Die Steigung ist die mittlere Geschwindigkeit des Läufers im Intervall [1; 6] in m/s.

b) 6,975 m/s bzw. 8,175 m/s Der Läufer ist nach 11 Sekunden schneller als nach 5 Sekunden.

c) Nach ca. 3,9 Sekunden hat der Läufer ca. die gleiche Geschwindigkeit wie seine Durchschnittsgeschwindigkeit im Intervall [2; 6].

d) Mit Hilfe der zweiten Ableitung kann die momentane Beschleunigung des Läufers zum Zeitpunkt t ermittelt werden. Seine Beschleunigung nimmt um $0{,}15\,m/s^2$ pro Sekunde ab.

159. a) 3 bzw. 7 Die Steigung der Tangente von f an der Stelle 3 ist 3. Die Steigung der Tangente von f an der Stelle 5 ist 7.

b) $(1 \mid 3)$

c) 71,57°

d) Die beiden Winkel ergänzen einander auf 180°, da gilt: $\tan(\alpha) = -\tan(180 - \alpha)$

160. a) $\frac{20}{9}$ bar/min 8,48 bar

b) −0,83 bar/min Der Druck nimmt im Intervall [0,3] im Mittel um 0,83 bar pro Minute ab.

c) $u = 9$ min

d) A, C, E

161. a) $f'(x) = 2ax + b = 0 \Rightarrow x = -\frac{b}{2a}$

$$f\left(-\frac{b}{2a}\right) = a \cdot \left(-\frac{b}{2a}\right)^2 + b \cdot \left(-\frac{b}{2a}\right) + c = c - \frac{b^2}{4a}$$

b) Da die erste Ableitung einer quadratischen Funktion eine lineare Funktion ist, sind alle Funktionswerte verschieden, dh. es gibt keine zwei Stellen mit demselben Funktionswert.

c) $(-0{,}5 \mid 9{,}25)$

d) (1) positiv (2) $a > 0$

162–173. Selbstkontrolle (Lösungen im Schulbuch)

174–181. Kompetenzcheck (Lösungen im Schulbuch)

3 Untersuchung von Polynomfunktionen

Kapitel 3
h3m29u

182. f ist monoton steigend in A, wenn für alle $x_1, x_2 \in A$ gilt:
$x_1 < x_2 \quad \Rightarrow \quad f(x_1) \leq f(x_2)$

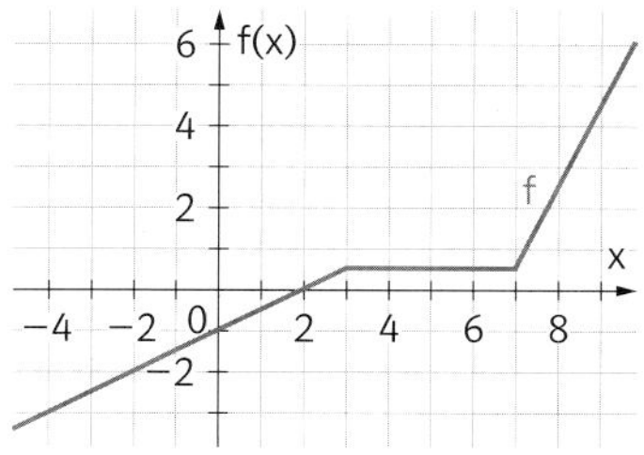

f ist monoton fallend in A, wenn für alle $x_1, x_2 \in A$ gilt:
$x_1 < x_2 \quad \Rightarrow \quad f(x_1) \geq f(x_2)$

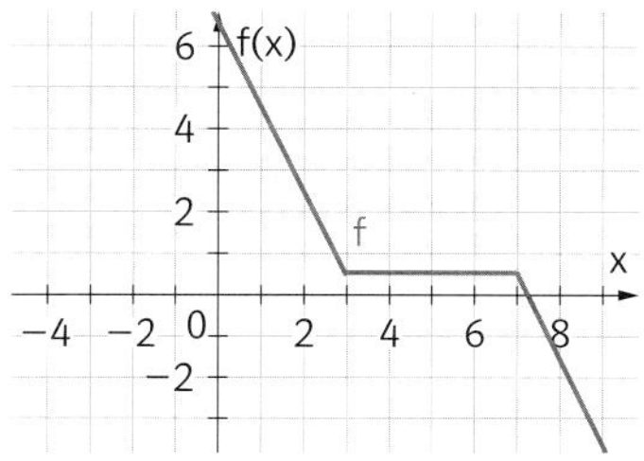

183. **a)** rot: f, j, l blau: g, k, h, m grün: i
b) rot: f, j blau: g, k, l, i grün: h, m

184. **a)** 1) streng monoton fallend 2) streng monoton steigend 3) streng monoton fallend
4) streng monoton steigend 5) nicht monoton
b) 1) streng monoton fallend 2) streng monoton steigend 3) streng monoton fallend
4) streng monoton steigend 5) nicht monoton

185. A, B, D, E

186. A, C

187. **a)** 1) 0 bzw. 2 2) 3 bzw. −2; 2 3) H = (0 | 1) T = (2 | −3)
4) streng monoton steigend in [−2; 0] bzw. [2; 3] streng monoton fallend in [0; 2] 5) 3
b) 1) 0 bzw. −3; 4 2) 6 bzw. 4 3) H = (0 | 1) T_1 = (−3 | −2) T_2 = (4 | −5)
4) streng monoton steigend in [−3; 0] bzw. [4; 6] streng monoton fallend in [−4; −3] bzw. [0; 4]
5) 3
c) 1) −2 bzw. 2 2) −4,5 bzw. −2 und 4 3) H = (−2 | 2) T = (2 | −2)
4) streng monoton steigend in [−4,5; −2] bzw. [2; 4] streng monoton fallend in [−2; 2] 5) 3

188. **a)** z. B.

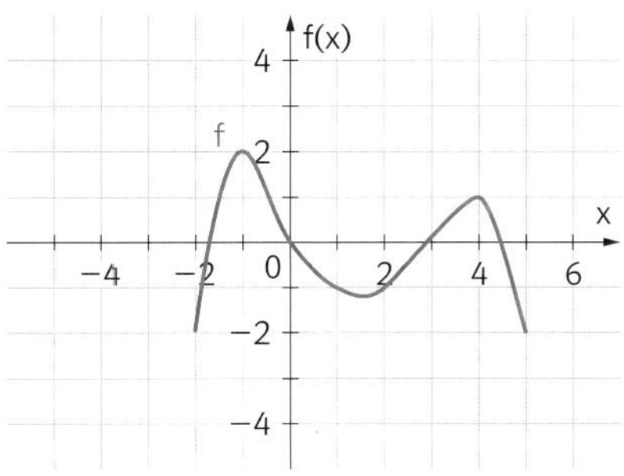

b) z. B.

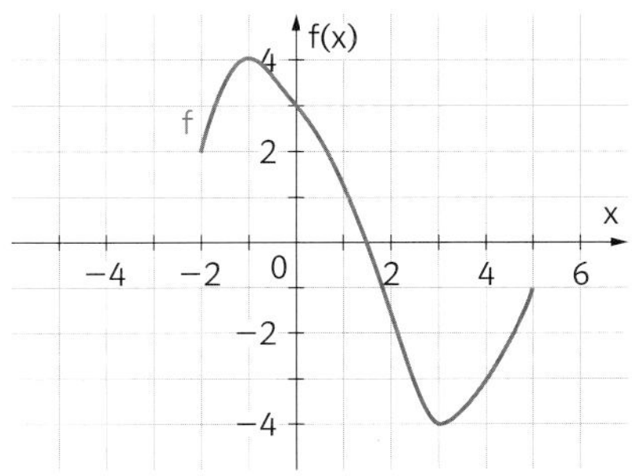

c) z. B.

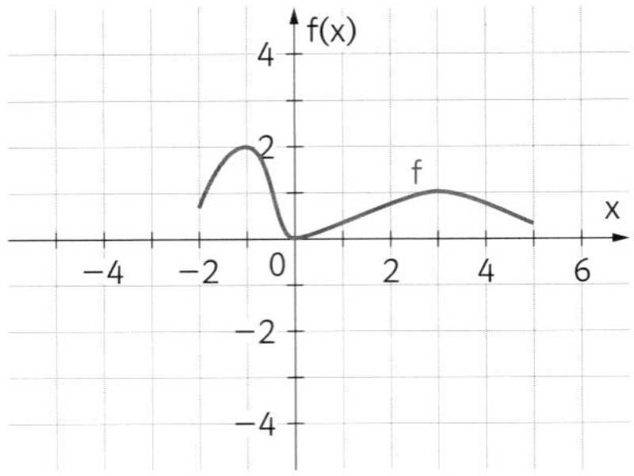

d) z. B.

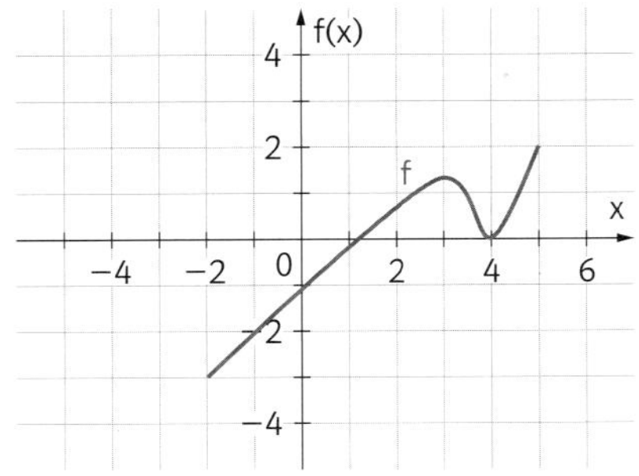

189. **a)** Die Aussage ist falsch. Befindet sich eine globale Extremstelle am Rand des Definitionsbereichs, dann ist diese keine lokale Extremstelle.

b) Die Aussage ist falsch. Eine lokale Extremstelle ist nur in einer Umgebung eine Extremstelle. Ein lokales Minimum z. B. muss nicht den kleinsten Funktionswert der Funktion annehmen.

c) Die Aussage ist richtig, da u keine Randextremstelle ist.

d) Die Aussage ist richtig, da es mehrere Stellen geben kann die im gegebenen Intervall die kleinsten Funktionswerte besitzen.

190. **a)** A ist nicht hinreichend für B. B ist hinreichend für A.
A ist notwendig für B. B ist nicht notwendig für A.

b) A ist nicht hinreichend für B. B ist hinreichend für A.
A ist notwendig für B. B ist nicht notwendig für A.

c) A ist hinreichend für B. B ist nicht hinreichend für A.
A ist nicht notwendig für B. B ist notwendig für A.

d) A ist nicht hinreichend für B. B ist hinreichend für A.
A ist notwendig für B. B ist nicht notwendig für A.

e) A ist hinreichend für B. B ist nicht hinreichend für A.
A ist nicht notwendig für B. B ist notwendig für A.

191. **a)** $-3, -2; 4$ Die Stellen -4 bzw. -2 sind lokale Extremstellen, da hier ein Monotoniewechsel stattfindet. Die Stelle 4 ist keine lokale Extremstelle, da kein Monotoniewechsel stattfindet.

b) $-3; -1; 3$ Die Stellen -3 bzw. 3 sind lokale Extremstellen, da hier ein Monotoniewechsel stattfindet. Die Stelle -1 ist keine lokale Extremstelle, da kein Monotoniewechsel stattfindet.

c) $-5; 0; 4$ Die Stellen -5 bzw. 4 sind lokale Extremstellen, da hier ein Monotoniewechsel stattfindet. Die Stelle 0 ist keine lokale Extremstelle, da kein Monotoniewechsel stattfindet.

192. Da es sich um eine quadratische Funktion handelt, ist der Graph von f eine Parabel. Man erhält daher den Scheitelpunkt der Parabel. Da hier auch ein Monotoniewechsel stattfindet, erhält man einen lokalen Extrempunkt.

a) $(3 \mid -1)$ **b)** $\left(\frac{1}{12} \middle| -\frac{289}{24}\right)$ **c)** $\left(\frac{1}{3} \middle| -\frac{11}{3}\right)$ **d)** $(2 \mid 36)$ **e)** $\left(\frac{5}{4} \middle| \frac{17}{8}\right)$ **f)** $\left(\frac{3}{2} \middle| \frac{5}{4}\right)$

193. **a)** z. B.

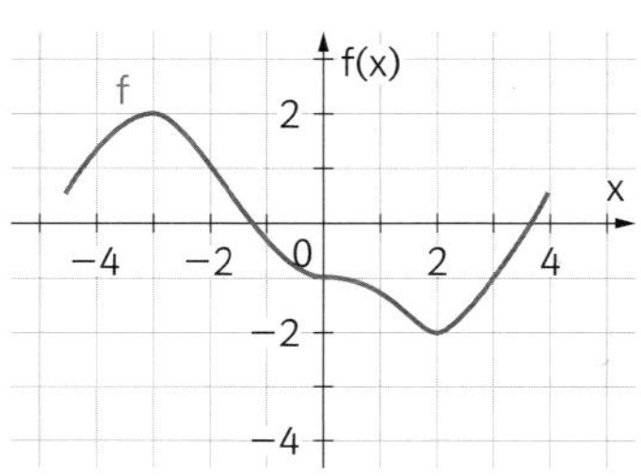

b) z. B.

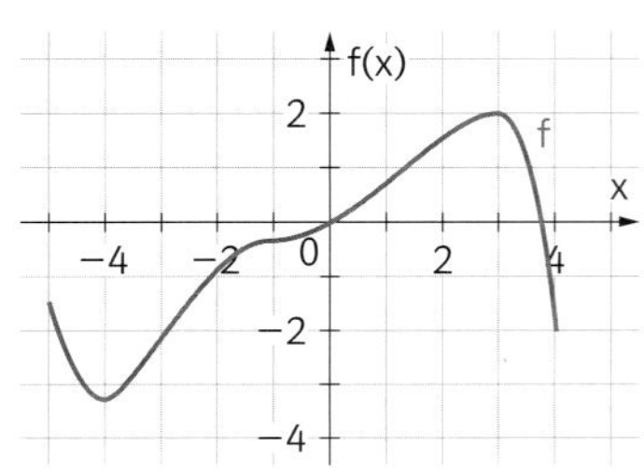

194. Musteraufgabe

195. **a)** 1) $-3 \cdot \sqrt{3}$; 0; $3 \cdot \sqrt{3}$

2) Hochpunkt $H = (-3 \mid 6)$ Tiefpunkt $T = (3 \mid -6)$

3) streng monoton steigend in $(-\infty; -3]$ bzw. $[3; \infty)$
streng monoton fallend in $[-3; 3]$

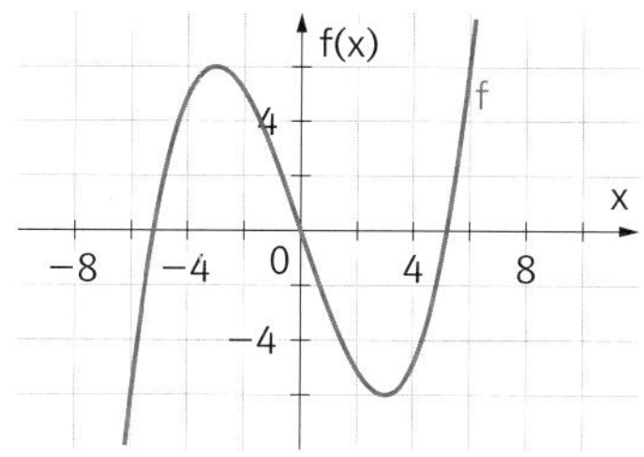

b) 1) $-5 \cdot \sqrt{3}$; 0; $5 \cdot \sqrt{3}$

2) Hochpunkt $H = (-5 \mid 10)$ Tiefpunkt $T = (5 \mid -10)$

3) streng monoton steigend in $(-\infty; -5]$ bzw. $[5; \infty)$
streng monoton fallend in $[-5; 5]$

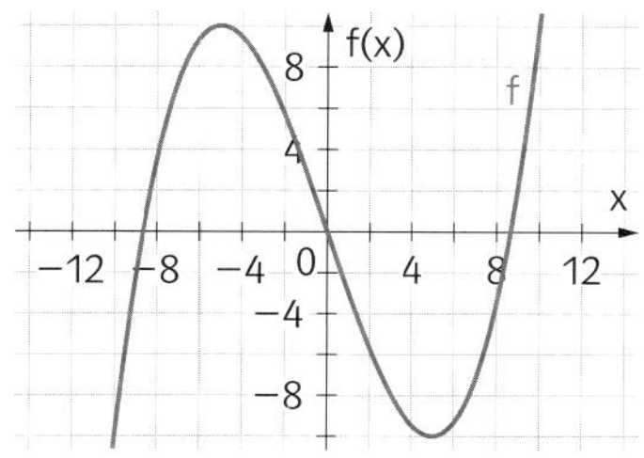

c) 1) $-2 \cdot \sqrt{3}$; 0; $2 \cdot \sqrt{3}$

2) Hochpunkt $H = \left(2 \middle| \frac{8}{3}\right)$ Tiefpunkt $T = \left(-2 \middle| \frac{8}{3}\right)$

3) streng monoton steigend in $[-2; 2]$
streng monoton fallend in $(-\infty; -2]$ bzw. $[2; \infty)$

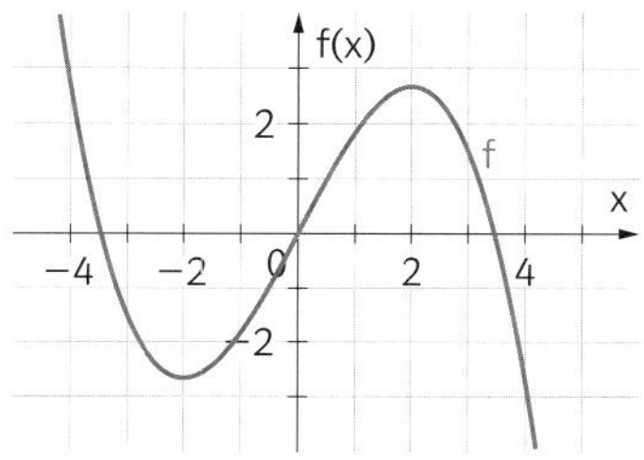

d) 1) -3; 2; 5

2) Hochpunkt $H = (-1 \mid 36)$ Tiefpunkt $T = \left(\frac{11}{3} \middle| -\frac{400}{27}\right)$

3) streng monoton steigend in $(-\infty; -1]$ bzw. $\left[\frac{11}{3}; \infty\right)$

streng monoton fallend in $\left[-1; \frac{11}{3}\right]$

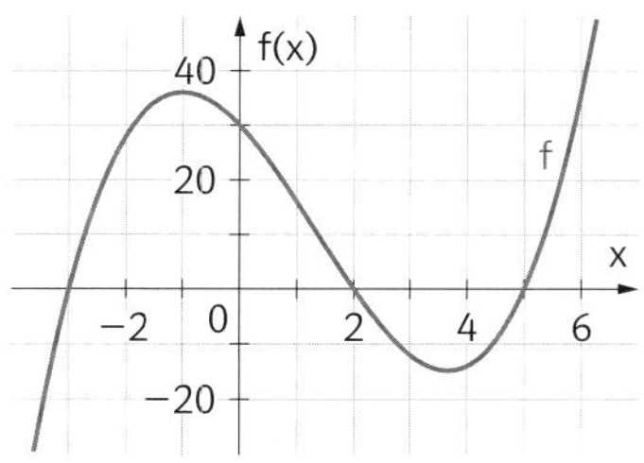

e) 1) $-3{,}56$; 0; $5{,}06$

2) Hochpunkt $H = \left(-2 \middle| \frac{22}{3}\right)$ Tiefpunkt $T = \left(3 \middle| -\frac{27}{2}\right)$

3) streng monoton steigend in $(-\infty; -2]$ bzw. $[3; \infty)$
streng monoton fallend in $[-2; 3]$

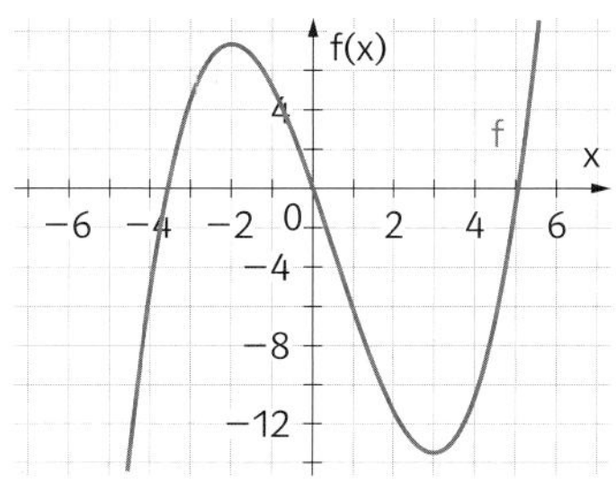

f) 1) -3; -1; 6

2) Hochpunkt $H = (-2{,}06 \mid 1{,}61)$ Tiefpunkt $T = (3{,}4 \mid -14{,}64)$

3) streng monoton steigend in $(-\infty; -2{,}06]$ bzw. $[3{,}4; \infty)$
streng monoton fallend in $[-2{,}06; 3{,}4]$

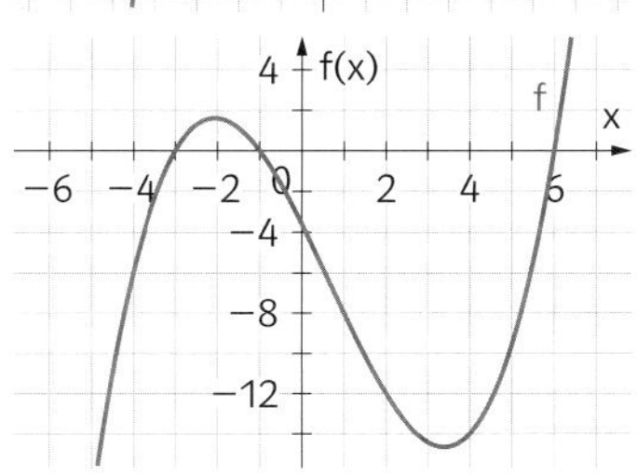

196. **a)** Sattelpunkt $S = (-3 \mid -25)$ streng monoton steigend in $(-\infty; \infty)$

b) Sattelpunkt $S = (2 \mid -2)$ streng monoton steigend in $(-\infty; \infty)$

c) Tiefpunkt $T = (0 | 0)$ Sattelpunkt $S = (3 | 6{,}75)$
streng monoton fallend in $(-\infty; 0]$ streng monoton steigend in $[0; \infty)$

d) Tiefpunkt $T = (0 | 0)$ Sattelpunkt $S = \left(-2 \middle| \frac{16}{3}\right)$
streng monoton fallend in $(-\infty; 0]$ streng monoton steigend in $[0; \infty)$

197. (1) $f'(x) < 0, \forall x \in [a; b]$ (2) ist f in $[a; b]$ streng monoton fallend

198. Ist p eine doppelte Nullstelle von f, dann ist p auch eine Extremstelle von f.
a) einfache Nullstelle bei $x = 3$ doppelte Nullstelle bei $x = 0$
Extremstellen bei $x = 0$ bzw. $x = 2$
b) einfache Nullstelle bei $x = 4$ doppelte Nullstelle bei $x = -2$
Extremstellen bei $x = -2$ bzw. $x = 2$
c) einfache Nullstellen bei $x = -\sqrt{6}$ bzw. $x = \sqrt{6}$ doppelte Nullstelle bei $x = 0$
Extremstellen bei $x = -\sqrt{3}$ bzw. $x = 0$ bzw. $x = \sqrt{3}$
d) doppelte Nullstellen bei $x = -3$ bzw. $x = 3$
Extremstellen bei $x = -3$ bzw. $x = 3$ und $x = 0$

199. Bildet man die erste Ableitung einer Polynomfunktion n-ten Grades, erhält man eine Polynomfunktion (n – 1)-ten Grades. Setzt man diese abgeleitete Funktion gleich null, so kann diese Gleichung höchstens n – 1 Lösungen besitzen (unter diesen Lösungen können auch Sattelstellen liegen).

200. Musteraufgabe

201. a) streng monoton steigend in $[-3; 2]$ bzw. $[5; \infty)$
streng monoton fallend in $(-\infty; -3]$ bzw. $[2; 5]$
lokale Minimumstellen bei –3 bzw. 5 lokale Maximumstelle bei 2
b) streng monoton steigend in $(-\infty; -5]$ $[0; 4]$ bzw. $[7; \infty)$
streng monoton fallend in $[-5; 0]$ bzw. $[4; 7]$
lokale Minimumstellen bei 0 bzw. 7 lokale Maximumstelle bei –5 bzw. 4
c) streng monoton steigend in $(-\infty; -6]$ bzw. $[4; 5]$
streng monoton fallend in $[-6; 4]$ bzw. $[5; \infty)$
lokale Minimumstellen bei 4 lokale Maximumstelle bei –6 bzw. 5
d) streng monoton steigend in $[-7; -5]$ bzw. $[-3; 4]$
streng monoton fallend in $(-\infty; -7]$ bzw. $[-5; -3]$ bzw. $[4; \infty)$
lokale Minimumstellen bei –7 bzw. –3 lokale Maximumstelle bei –5 bzw. 4

202. a) Maximumstelle(n): – Minimumstelle(n): 3
b) Maximumstelle(n): –4 Minimumstelle(n): –
c) Maximumstelle(n): –7 Minimumstelle(n): 1
d) Maximumstelle(n): 0 Minimumstelle(n): –3; 4

203. An der Stelle 2 findet kein Monotoniewechsel statt. Diese Stelle ist eine Sattelstelle.

204. B, E

205. C

206. Musteraufgabe

207. a) B Der Graph von f′ muss bei –2 und 3 Nullstellen besitzen. Für $x < -2$ müssen die Funktionswerte von f′ positiv sein, für $x \in (-2; 3)$ müssen die Funktionswerte von f′ negativ sein, für $x > 3$ müssen die Funktionswerte von f′ positiv sein.

b) C Der Graph von f′ muss bei −5 und 1 Nullstellen besitzen. Für $x < -5$ müssen die Funktionswerte von f′ negativ sein, für $x \in (-5; 1)$ müssen die Funktionswerte von f′ positiv sein, für $x > 1$ müssen die Funktionswerte von f′ negativ sein.

c) A Der Graph von f′ muss bei 1 bzw. 7 und 9 Nullstellen besitzen. Für $x < 1$ müssen die Funktionswerte von f′ negativ sein, für $x \in (1; 7)$ müssen die Funktionswerte von f′ positiv sein, für $x \in (7; 9)$ müssen die Funktionswerte von f′ negativ sein, für $x > 9$ müssen die Funktionswerte von f′ positiv sein.

208. Musteraufgabe

209.

a) lokaler und globaler Tiefpunkt $T = \left(-3 \middle| -\frac{3}{2}\right)$ globaler Hochpunkt $H = (0|3)$

b) lokaler und globaler Tiefpunkt $T = (-4|-6)$ globaler Hochpunkt $H = (0|-2)$

c) lokaler und globaler Hochpunkt $H = (2|2)$ globaler Tiefpunkt $T = \left(-1 \middle| -\frac{5}{2}\right)$

d) lokal: Tiefpunkt $T = \left(7 \middle| \frac{49}{9}\right)$ Hochpunkt $H = (3|9)$

global: Tiefpunkt $T = \left(7 \middle| \frac{49}{9}\right)$ Hochpunkt $R = \left(10 \middle| \frac{130}{9}\right)$

e) lokal: Tiefpunkt $T = \left(1 \middle| -\frac{1}{6}\right)$ Hochpunkt $H = \left(-2 \middle| \frac{13}{3}\right)$

global: Tiefpunkt $T = \left(1 \middle| -\frac{1}{6}\right)$ Hochpunkt $R = \left(3 \middle| \frac{17}{2}\right)$

f) lokal: Tiefpunkt $T = \left(6 \middle| -\frac{61}{6}\right)$ Hochpunkt $H = \left(-5 \middle| \frac{599}{72}\right)$

global: Tiefpunkt $T = \left(6 \middle| -\frac{61}{6}\right)$ Hochpunkt $H = \left(-5 \middle| \frac{599}{72}\right)$

g) lokal: Tiefpunkt $T = (0|0)$

global: Tiefpunkt $T = (0|0)$ Hochpunkt $H = \left(3 \middle| \frac{63}{2}\right)$

h) lokal: Tiefpunkt $T_1 = \left(-3 \middle| -\frac{55}{8}\right)$ $T_2 = \left(2 \middle| -\frac{5}{3}\right)$ Hochpunkt $H = (0|1)$

global: Tiefpunkt $T_1 = \left(-3 \middle| -\frac{55}{8}\right)$ Hochpunkt $R = \left(3 \middle| \frac{17}{8}\right)$

210.

a) $H = (-3|9)$ $T = (5|-7)$

b) $H = (-4|16)$ $T = (1|-9)$

c) $H = \left(5 \middle| \frac{25}{12}\right)$ $T = \left(3 \middle| -\frac{9}{4}\right)$

d) $H = \left(-4 \middle| \frac{131}{27}\right)$ $T = \left(3 \middle| -\frac{3}{2}\right)$

211.

a) nach 5 bzw. 10 Sekunden

b) nach 7,5 Sekunden bzw. nach 15 Sekunden

c) Die Geschwindigkeit nimmt im Intervall [2; 7,5] zu und im Intervall [7,5; 15] ab.

212. Musteraufgabe

213.

a) $f''(x) = 6 > 0$ $\Rightarrow$ f ist einheitlich positiv gekrümmt.

b) $f''(x) = -4 < 0$ $\Rightarrow$ f ist einheitlich negativ gekrümmt.

c) $f''(x) = -10 < 0$ $\Rightarrow$ f ist einheitlich negativ gekrümmt.

d) $f''(x) = 16 > 0$ $\Rightarrow$ f ist einheitlich positiv gekrümmt.

e) $f''(x) = -2 < 0$ $\Rightarrow$ f ist einheitlich negativ gekrümmt.

f) $f''(x) = -16 < 0$ $\Rightarrow$ f ist einheitlich negativ gekrümmt.

214. Musteraufgabe

215. **a)** f ist in $(-\infty; -4]$ negativ gekrümmt. f′ ist in $(-\infty; -4]$ streng monoton fallend. f″ ist in $(-\infty; -4)$ negativ.
f ist in $[-4; \infty)$ positiv gekrümmt. f′ ist in $[-4; \infty)$ streng monoton steigend. f″ ist in $(-4; \infty)$ positiv.

b) f ist in $(-\infty; -7]$ bzw. in $[-2; \infty)$ positiv gekrümmt. f′ ist in $(-\infty; -7]$ bzw. in $[-2; \infty)$ streng monoton steigend. f″ ist in $(-\infty; -7)$ bzw. in $(-2; \infty)$ positiv.
f ist in $[-7; -2]$ negativ gekrümmt. f′ ist in $[-7; -2]$ streng monoton fallend. f″ ist in $(-7; -2)$ negativ.

c) f ist in $(-\infty; 1]$ negativ gekrümmt. f′ ist in $(-\infty; 1]$ streng monoton fallend. f″ ist in $(-\infty; 1]$ negativ.
f ist in $[1; \infty)$ positiv gekrümmt. f′ ist in $[1; \infty)$ streng monoton steigend. f″ ist in $(1; \infty)$ positiv.

d) f ist in $(-\infty; -2]$ bzw. in $[2; 5]$ negativ gekrümmt. f′ ist in $(-\infty; -2]$ bzw. in $[2; 5]$ streng monoton fallend. f″ ist in $(-\infty; -2)$ bzw. in $(2; 5)$ negativ.
f ist in $[-2; 2]$ bzw. in $[5; \infty)$ positiv gekrümmt. f′ ist in $[-2; 2]$ bzw. in $[5; \infty)$ streng monoton steigend. f″ ist in $(-2; 2)$ bzw. in $(5; \infty)$ positiv.

216. **a)** z. B.

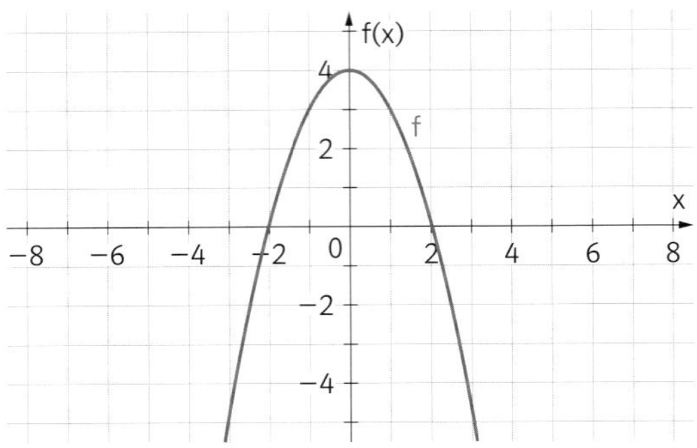

b) z. B.

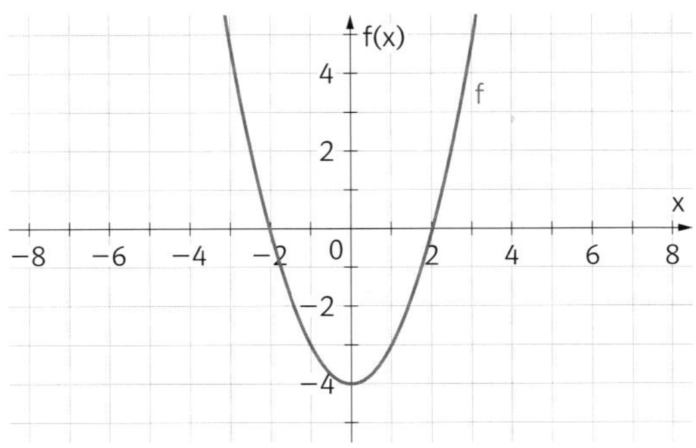

c) z. B.

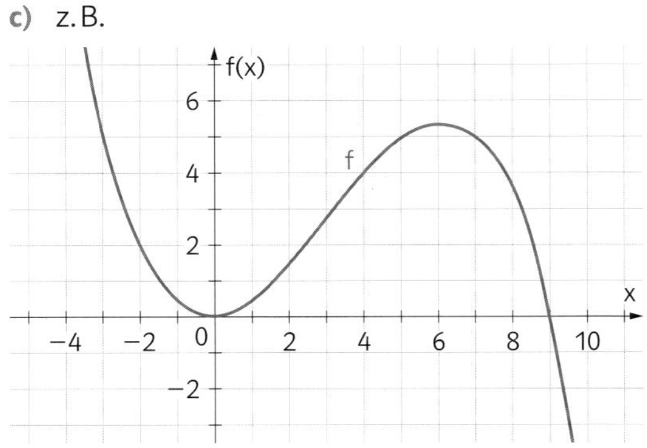

d) z. B.

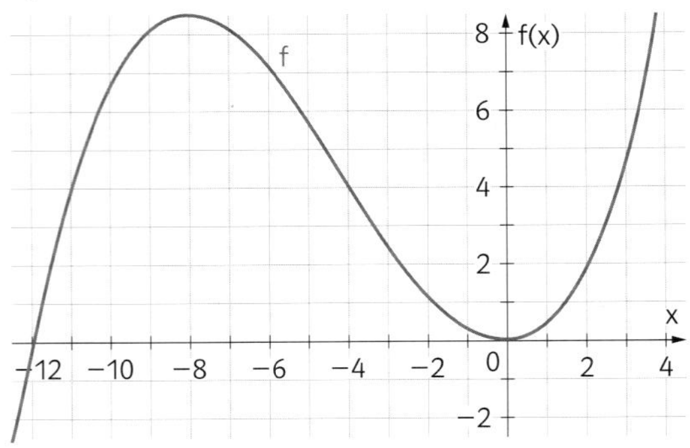

e) z. B.

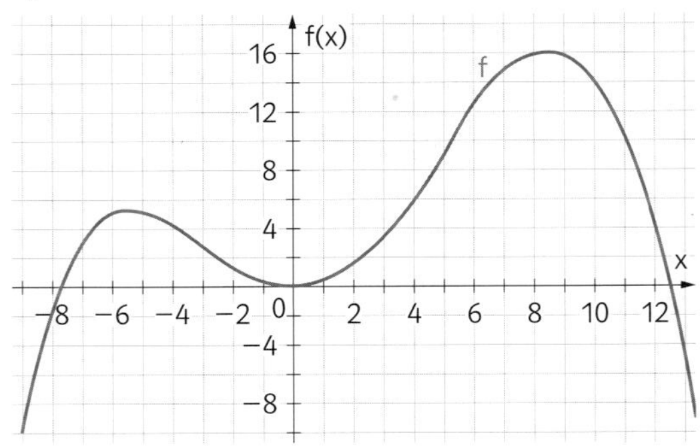

f) z. B.

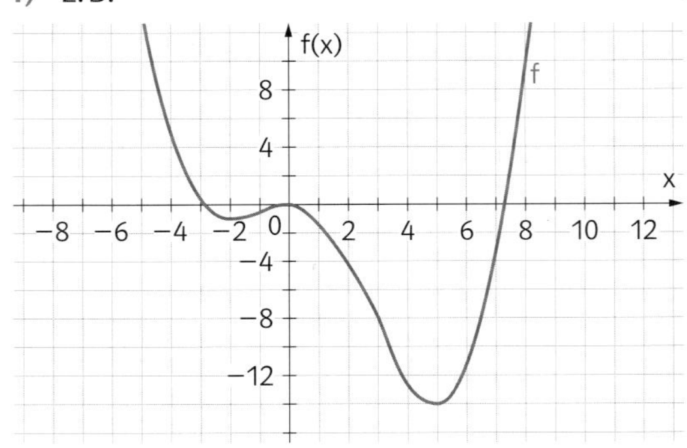

217. a)

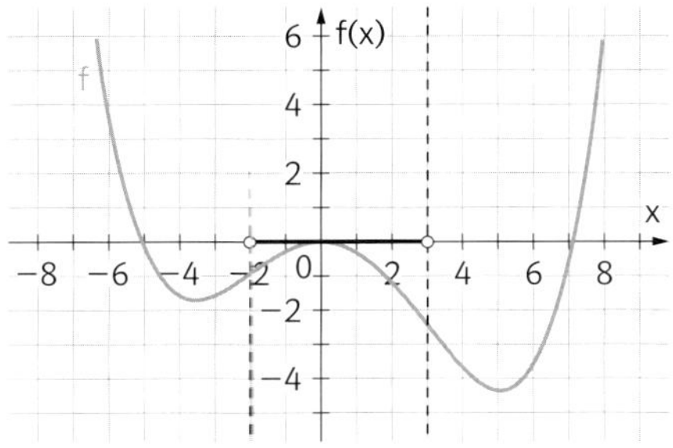

b)

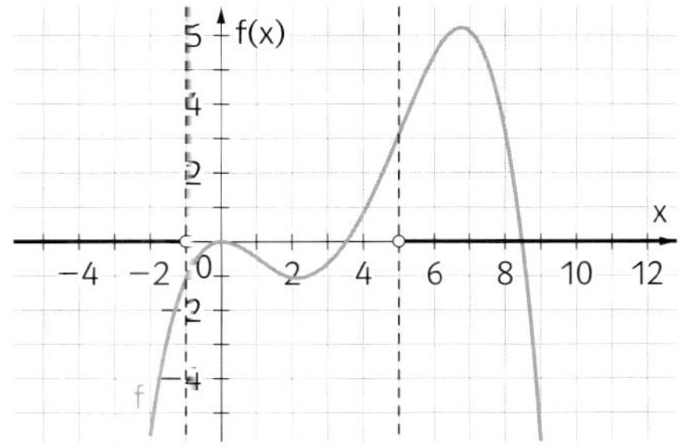

218. Bildet man die zweite Ableitung von f, erhält man: $f''(x) = 2a$. Die Funktion f ist daher einheitlich positiv gekrümmt, wenn $a > 0$ ist bzw. einheitlich negativ gekrümmt, wenn $a < 0$ ist.

219. Bildet man die zweite Ableitung von f, erhält man: $f''(x) = 6ax + 2b$. Die Funktion f ist negativ gekrümmt, wenn gilt $6ax + 2b < 0$. Durch Umformung erhält man $x < -\frac{b}{3a}$.

220. A, C

221. B, C

222. A, D

223. B, D

224. a) -4 b) -7 bzw. -2 c) 1 d) -2 bzw. 2 bzw. 5

225. a) 8 b) -4 bzw. 1 c) -9 bzw. -6 bzw. 1

226. Musteraufgabe

227. a) 1) $W = \left(4 \middle| -\frac{63}{8}\right)$ negativ gekrümmt in $(-\infty; 4]$ positiv gekrümmt in $[4; \infty)$

2) $t(x) = -3x + \frac{33}{8}$

b) 1) $W = \left(12 \middle| -\frac{865}{32}\right)$ negativ gekrümmt in $(-\infty; 12]$ positiv gekrümmt in $[12; \infty)$

2) $t(x) = -\frac{27}{8}x + \frac{431}{32}$

c) 1) $W = (-1 \mid -1)$ negativ gekrümmt in $(-\infty; -1]$ positiv gekrümmt in $[-1; \infty)$

2) $t(x) = -3x - 4$

d) 1) $W = (5 \mid -22)$ negativ gekrümmt in $(-\infty; 5]$ positiv gekrümmt in $[5; \infty)$

2) $t(x) = -30x + 128$

e) 1) $W = (-7 \mid 40)$ negativ gekrümmt in $[-7; \infty)$ positiv gekrümmt in $(-\infty; -7]$

2) $t(x) = 45x + 355$

f) 1) $W_1 = \left(-3 \middle| -\frac{189}{13}\right)$ $W_2 = (1 \mid -1)$

negativ gekrümmt in $[-3; 1]$ positiv gekrümmt in $(-\infty; -3]$ bzw. in $[1; \infty)$

2) $t_1(x) = \frac{108}{13}x + \frac{135}{13}$ $t_2(x) = -\frac{20}{13}x + \frac{7}{13}$

g) 1) $W_1 = \left(-5 \middle| -\frac{25}{4}\right)$ $W_2 = (0 \mid 0)$

negativ gekrümmt in $[-5; 0]$ positiv gekrümmt in $(-\infty; -5]$ bzw. in $[0; \infty)$

2) $t_1(x) = \frac{5}{2}x + \frac{25}{4}$ $t_2(x) = 0$

h) 1) $W_1 = (0 \mid 0)$ $W_2 = \left(\frac{1}{2} \middle| -\frac{1}{16}\right)$

negativ gekrümmt in $\left[0; \frac{1}{2}\right]$ positiv gekrümmt in $(-\infty; 0]$ bzw. in $\left[\frac{1}{2}; \infty\right)$

2) $t_1(x) = 0$ $t_2(x) = -\frac{1}{4}x + \frac{1}{16}$

i) 1) $W_1 = (-2 \mid 189)$ $W_2 = (2 \mid -35)$

negativ gekrümmt in $(-\infty; -]2$ bzw. in $[2; \infty)$ positiv gekrümmt in $[-2; 2]$

2) $t_1(x) = -120x - 51$ $t_2(x) = 8x - 51$

j) 1) $W_1 = (-5 \mid -4137)$ $W_2 = (7 \mid -9273)$

negativ gekrümmt in $[-5; 7]$ positiv gekrümmt in $(-\infty; -5]$ bzw. in $[7; \infty)$

2) $t_1(x) = 1300x + 2363$ $t_2(x) = -2156x + 5819$

228. (1) $f''(x) < 0$, für alle $x \in [a; b]$ (2) ist f in [a; b] rechts gekrümmt

229.

	A	B	C	D	E	F	G	H	I
$f(x) < 0, f'(x) = 0, f''(x) < 0$	☐	☐	☐	☐	☐	☐	☐	☐	☐
$f(x) < 0, f'(x) = 0, f''(x) > 0$	☒	☐	☐	☐	☐	☒	☐	☐	☐
$f(x) = 0, f'(x) < 0, f''(x) = 0$	☐	☐	☐	☐	☒	☐	☐	☐	☐
$f(x) < 0, f'(x) > 0, f''(x) > 0$	☐	☒	☐	☐	☐	☐	☐	☐	☐
$f(x) > 0, f'(x) = 0, f''(x) < 0$	☐	☐	☐	☒	☐	☐	☐	☒	☐
$f(x) > 0, f'(x) = 0, f''(x) > 0$	☐	☐	☐	☐	☐	☐	☐	☐	☐
$f(x) > 0, f'(x) > 0, f''(x) = 0$	☐	☐	☒	☐	☐	☐	☒	☐	☐
$f(x) > 0, f'(x) < 0, f''(x) < 0$	☐	☐	☐	☐	☐	☐	☐	☐	☒

230.

	A	B	C	D	E	F	G	H	I
$f(x) \leq 0, f'(x) = 0, f''(x) < 0$	☐	☐	☐	☐	☐	☒	☐	☐	☐
$f(x) < 0, f'(x) = 0, f''(x) > 0$	☐	☐	☐	☒	☐	☐	☐	☒	☐
$f(x) < 0, f'(x) < 0, f''(x) = 0$	☐	☐	☐	☐	☐	☐	☒	☐	☐
$f(x) < 0, f'(x) > 0, f''(x) > 0$	☐	☐	☐	☐	☐	☐	☐	☐	☒
$f(x) > 0, f'(x) = 0, f''(x) < 0$	☐	☒	☐	☐	☐	☐	☐	☐	☐
$f(x) > 0, f'(x) = 0, f''(x) > 0$	☐	☐	☐	☐	☐	☐	☐	☐	☐
$f(x) > 0, f'(x) < 0, f''(x) = 0$	☐	☐	☒	☐	☐	☐	☐	☐	☐
$f(x) < 0, f'(x) > 0, f''(x) < 0$	☒	☐	☐	☐	☐	☐	☐	☐	☐

231. **a)** $x = 2$ negativ gekrümmt in $(-\infty; 2]$ positiv gekrümmt in $[2; \infty)$

b) $x = -5$ bzw. $x = 3$ negativ gekrümmt in $(-\infty; -5]$ bzw. in $[3; \infty)$ positiv gekrümmt in $[-5; 3]$

c) $x = 4$ bzw. $x = 8$ negativ gekrümmt in $(-\infty; 4]$ bzw. in $[8; \infty)$ positiv gekrümmt in $[4; 8]$

d) $x = -4$ bzw. $x = 1$ bzw. $x = 3$

negativ gekrümmt in $(-\infty; -4]$ bzw. in $[1; 3]$ positiv gekrümmt in $[-4; 1]$ bzw. in $[3; \infty)$

232. **a)** $x = -4$ bzw. $x = 16$

negativ gekrümmt in $[-4; 16]$ positiv gekrümmt in $(-\infty; -4]$ bzw. in $[16; \infty)$

b) $x = -4$ bzw. $x = 3$ bzw. $x = 9$

negativ gekrümmt in $(-\infty; -4]$ bzw. in $[3; 9]$ positiv gekrümmt in $[-4; 3]$ bzw. in $[9; \infty)$

c) $x = 3$ bzw. $x = 5$

negativ gekrümmt in $[3; 5]$ positiv gekrümmt in $(-\infty; 3]$ bzw. in bzw. in $[5; \infty)$

d) $x = -5$ bzw. $x = 1$ bzw. $x = 6$

negativ gekrümmt in $[-5; 1]$ bzw. in $[6; \infty)$ positiv gekrümmt in $(-\infty; -5]$ bzw. in $[1; 6]$

233. Man erhält alle möglichen Wendestellen durch Nullsetzen der zweiten Ableitung von f. Ist f eine Polynomfunktion n-ten Grades, dann ist f″ eine Polynomfunktion (n – 2)-ten Grades. Die Gleichung $f''(x) = 0$ hat dann höchstens n – 2 Nullstellen. Daher hat f höchstens n – 2 Wendestellen.

234. 1-F; 2-D; 3-C; 4-A

235. a) Richtig ist ii. Der Graph von f besitzt an der Stelle 1 eine Wendestelle. Für $x < 1$ ist er negativ gekrümmt, für $x > 1$ positiv gekrümmt. Daher muss der Graph von f″ eine Nullstelle an der Stelle 1 besitzen. Für $x < 1$ müssen die Funktionswerte von f″ negativ sein, für $x > 1$ müssen sie positiv sein.

b) Richtig ist ii. Der Graph von f besitzt an der Stelle –2 eine Wendestelle. Für $x < -2$ ist er positiv gekrümmt, für $x > -2$ negativ gekrümmt. Daher muss der Graph von f″ eine Nullstelle an der Stelle 2 besitzen. Für $x < -2$ müssen die Funktionswerte von f″ positiv sein, für $x < -2$ müssen sie negativ sein.

c) Richtig ist i. Der Graph von f besitzt an den Stellen –4 und 3 Wendestellen. Für $x < -4$ ist er positiv gekrümmt, für $-4 < x < 3$ ist er negativ gekrümmt, für $x > 3$ wieder positiv gekrümmt. Daher muss der Graph von f″ Nullstelle an den Stellen –4 und 3 besitzen. Für $x < -4$ müssen die Funktionswerte von f″ positiv sein, für $-4 < x < -3$ müssen sie negativ sein und anschließend wieder positiv.

236. Musteraufgabe

237. a) $H = (0 \mid 0)$, $T = \left(\frac{4}{3} \middle| -\frac{4}{27}\right)$, $W = \left(\frac{2}{3} \middle| -\frac{2}{27}\right)$

b) $H = (-1 \mid 7)$, $T = (1 \mid -1)$, $W = (0 \mid 3)$

c) $H = \left(-\frac{3}{2} \middle| \frac{35}{8}\right)$, $T = \left(\frac{1}{2} \middle| \frac{3}{8}\right)$, $W = \left(-\frac{1}{2} \middle| \frac{19}{8}\right)$

d) $H = \left(-5 \middle| \frac{575}{48}\right)$, $T = \left(6 \middle| -\frac{63}{4}\right)$, $W = \left(\frac{1}{2} \middle| -\frac{181}{96}\right)$

e) $H = (0 \mid 2)$, $T_1 = \left(-\frac{\sqrt{3}}{2} \middle| \frac{7}{8}\right)$, $T_2 = \left(\frac{\sqrt{3}}{2} \middle| \frac{7}{8}\right)$, $W_1 = \left(-\frac{1}{2} \middle| \frac{11}{8}\right)$, $W_2 = \left(\frac{1}{2} \middle| \frac{11}{8}\right)$

f) $T = \left(-2 \middle| -\frac{335}{9}\right)$, $S = \left(3 \middle| \frac{290}{9}\right)$, $W = \left(-\frac{1}{3} \middle| -\frac{2170}{243}\right)$

238. a) Die Funktion besitzt an der Stelle 0 eine lokale Extremstelle. Trotzdem gilt $f''(0) = 0$.

b) Die Funktion besitzt an der Stelle 0 eine Wendestelle. Trotzdem gilt $f'''(0) = 0$.

239. (1) $x = 3$ (2) lokale Maximumstelle

240.

Aussage	$f(0) = 0$	$f'(0) = 0$	$f''(0) = 0$	$f''(0) \neq 0$
0 ist eine Nullstelle von f.	☒	☐	☐	☐
0 ist eine lokale Extremstelle von f.	☐	☒	☐	☒
0 ist eine Wendestelle von f.	☐	☐	☒	☐
0 ist eine Sattelstelle von f.	☐	☒	☒	☐
0 ist eine Wendestelle von f mit Wendetangente $t(x) = 3x$.	☒	☐	☒	☐
(0 | 2) ist ein Wendepunkt von f.	☐	☐	☒	☐

241. Musteraufgabe

242. **a)** 1) $D = \mathbb{R}$ 2) $N_1 = (-5|0)$ $N_2 = (0|0)$ $N_3 = (5|0)$

3) $T_1 = \left(-\frac{5}{\sqrt{2}}\middle|-\frac{125}{16}\right)$ $T_2 = \left(\frac{5}{\sqrt{2}}\middle|-\frac{125}{16}\right)$ $H = (0|0)$

4) streng monoton steigend in $\left[-\frac{5}{\sqrt{2}}; 0\right]$ bzw. $\left[\frac{5}{\sqrt{2}}; \infty\right)$

streng monoton fallend in $\left(-\infty; -\frac{5}{\sqrt{2}}\right]$ bzw. $\left[0; \frac{5}{\sqrt{2}}\right]$

5) $W_1 = \left(-\frac{5}{\sqrt{6}}\middle|-\frac{625}{144}\right)$ $W_2 = \left(\frac{5}{\sqrt{6}}\middle|-\frac{625}{144}\right)$

6) positiv gekrümmt in $\left(-\infty; -\frac{5}{\sqrt{6}}\right]$ bzw. $\left[\frac{5}{\sqrt{6}}; \infty\right)$

negativ gekrümmt in $\left[-\frac{5}{\sqrt{6}}; \frac{5}{\sqrt{6}}\right]$

7) $t_1(x) = 3{,}4x + 2{,}6$ $t_2(x) = -3{,}4x + 2{,}6$

8) gerade Funktion 9) $\lim\limits_{x \to -\infty} f(x) = \infty$ $\lim\limits_{x \to \infty} f(x) = \infty$

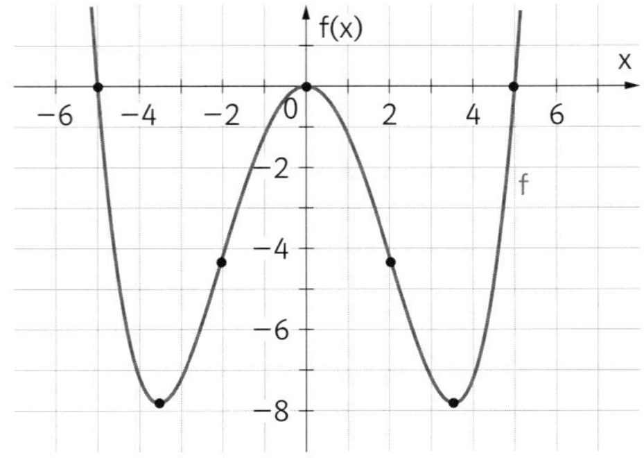

b) 1) $D = \mathbb{R}$ 2) $N_1 = (-3|0)$ $N_2 = (-1|0)$ $N_3 = (1|0)$

3) $H = (-2{,}15|3{,}08)$ $T = (0{,}15|-3{,}08)$

4) streng monoton steigend in $(-\infty; -2{,}15]$ bzw. $[0{,}15; \infty)$

streng monoton fallend in bzw. $[-2{,}15; 0{,}15]$

5) $W = (-1|0)$

6) positiv gekrümmt in $[-1; \infty)$

negativ gekrümmt in $(-\infty; -1]$

7) $t_1(x) = -4x - 4$

8) weder gerade noch ungerade

9) $\lim\limits_{x \to -\infty} f(x) = -\infty$ $\lim\limits_{x \to \infty} f(x) = \infty$

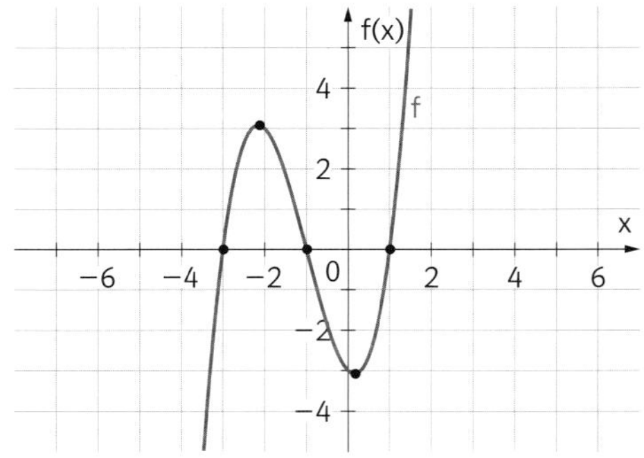

c) 1) $D = \mathbb{R}$ 2) $N = (-1|0)$

3) keine Extremstellen

4) streng monoton steigend in $(-\infty; \infty)$

5) $W = \left(-\frac{1}{3}\middle|\frac{38}{27}\right)$ 6) positiv gekrümmt in $\left[-\frac{1}{3}; \infty\right)$

negativ gekrümmt in $\left(-\infty; -\frac{1}{3}\right]$

7) $t(x) = \frac{5}{3}x + \frac{53}{27}$

8) weder gerade noch ungerade

9) $\lim\limits_{x \to -\infty} f(x) = -\infty$ $\lim\limits_{x \to \infty} f(x) = \infty$

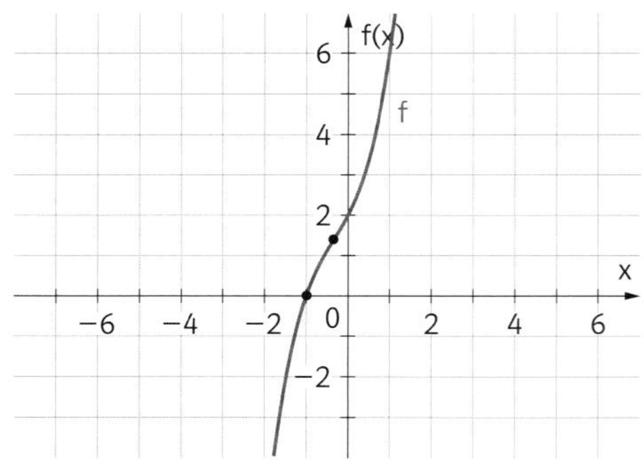

d) 1) $D = \mathbb{R}$ 2) $N_1 = (-4{,}85|0)$ $N_2 = (0|0)$ $N_3 = (1{,}85|0)$

3) $H = (-3|9)$ $T = \left(1\middle|-\frac{5}{3}\right)$

4) streng monoton steigend in $(-\infty; -3]$ bzw. $[1; \infty)$

streng monoton fallend in $[-3; 1]$

5) $W = \left(-1\middle|\frac{11}{3}\right)$

6) positiv gekrümmt in $[-1; \infty)$

negativ gekrümmt in $(-\infty; -1]$

7) $t(x) = -4x - \frac{1}{3}$ 8) weder gerade noch ungerade

9) $\lim\limits_{x \to -\infty} f(x) = -\infty$ $\lim\limits_{x \to \infty} f(x) = \infty$

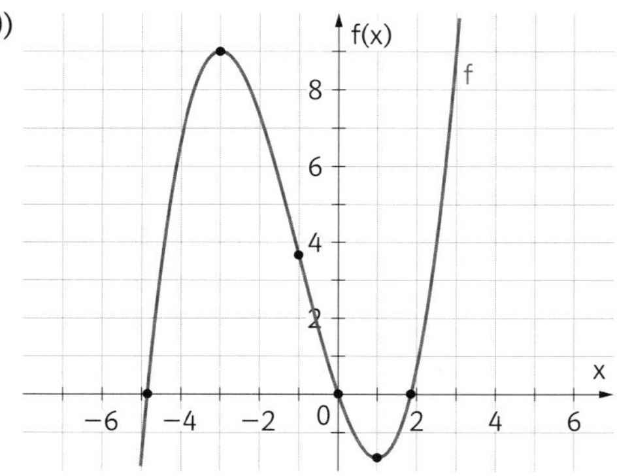

e) 1) $D = \mathbb{R}$ 2) $N_1 = (-8{,}37 \mid 0)$ $N_2 = (0 \mid 0)$ $N_3 = (5{,}37 \mid 0)$

3) $H = \left(-5 \middle| \frac{35}{6}\right)$ $T = \left(3 \middle| -\frac{27}{10}\right)$

4) streng monoton steigend in $(-\infty; -5]$ bzw. $[3; \infty)$
streng monoton fallend in $[-5; 3]$

5) $W = \left(-1 \middle| \frac{47}{30}\right)$

6) positiv gekrümmt in $[-1; \infty)$
negativ gekrümmt in $(-\infty; -1]$

7) $t(x) = -\frac{8}{5}x - \frac{1}{30}$

8) weder gerade noch ungerade 9) $\lim\limits_{x \to -\infty} f(x) = -\infty$ $\lim\limits_{x \to \infty} f(x) = \infty$

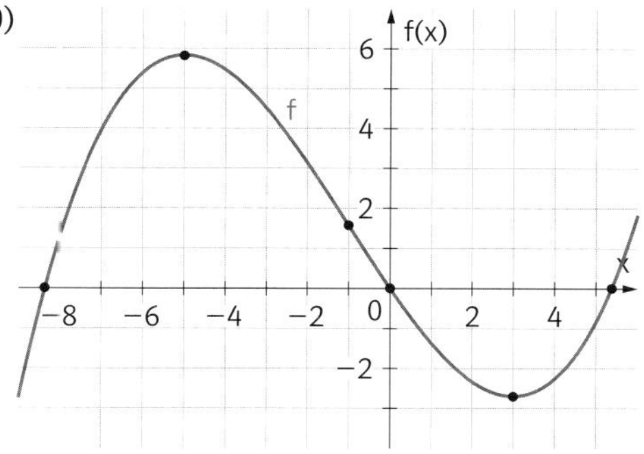

f) 1) $D = \mathbb{R}$ 2) $N_1 = (0 \mid 0)$ $N_2 = (2 \mid 0)$

3) $T = \left(\frac{3}{2} \middle| -\frac{27}{32}\right)$

4) streng monoton steigend in $\left[\frac{3}{2}; \infty\right)$
streng monoton fallend in $\left(-\infty; \frac{3}{2}\right]$

5) $S = (0 \mid 0)$ $W = \left(1 \middle| -\frac{1}{2}\right)$

6) positiv gekrümmt in $(-\infty; 0]$ bzw. $[1; \infty)$
negativ gekrümmt in $[0; 1]$

7) $t_1(x) = 0$ $t_2(x) = -x + \frac{1}{2}$

8) weder gerade noch ungerade

9) $\lim\limits_{x \to -\infty} f(x) = \infty$ $\lim\limits_{x \to \infty} f(x) = \infty$

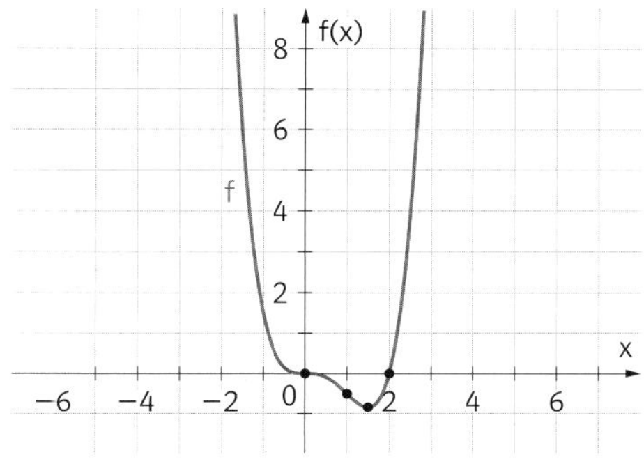

g) 1) $D = \mathbb{R}$ 2) $N_1 = (-\sqrt{10} \mid 0)$ $N_2 = (0 \mid 0)$ $N_3 = (\sqrt{10} \mid 0)$

3) $T_1 = (-\sqrt{5} \mid -5)$ $T_2 = (\sqrt{5} \mid -5)$ $H = (0 \mid 0)$

4) streng monoton steigend in $[-\sqrt{5}; 0]$ bzw. $[\sqrt{5}; \infty)$
streng monoton fallend in $(-\infty; -\sqrt{5}]$ bzw. $[0; \sqrt{5}]$

5) $W_1 = \left(-\frac{\sqrt{15}}{3} \middle| -\frac{25}{9}\right)$ $W_2 = \left(\frac{\sqrt{15}}{3} \middle| -\frac{25}{9}\right)$

6) positiv gekrümmt in $\left(-\infty; -\frac{\sqrt{15}}{3}\right]$ bzw. $\left[\frac{\sqrt{15}}{3}; \infty\right)$
negativ gekrümmt in $\left[-\frac{\sqrt{15}}{3}; \frac{\sqrt{15}}{3}\right]$

7) $t_1(x) = 3{,}44x + 1{,}67$ $t_2(x) = -3{,}44x + 1{,}67$

8) gerade Funktion 9) $\lim\limits_{x \to -\infty} f(x) = \infty$ $\lim\limits_{x \to \infty} f(x) = \infty$

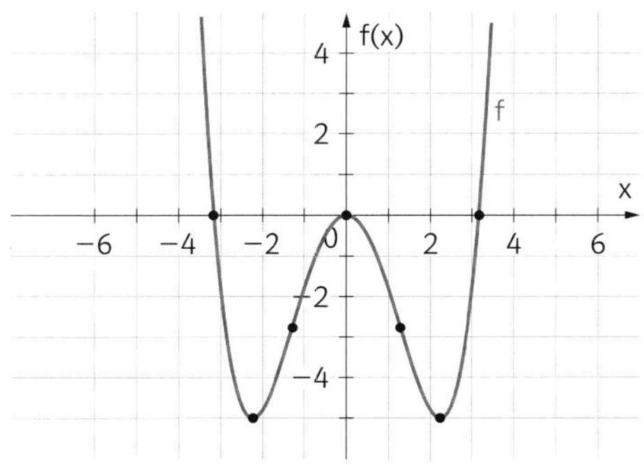

h) 1) $D = \mathbb{R}$ 2) $N_1 = (-5 \mid 0)$ $N_2 = (-3 \mid 0)$ $N_3 = (1 \mid 0)$

3) $H = (-4{,}1 \mid 5{,}05)$ $T = (-0{,}57 \mid -16{,}9)$

4) streng monoton steigend in $(-\infty; -4{,}1]$
bzw. $[-0.57; \infty)$
streng monoton fallend in $[-4{,}1; -0{,}57]$

5) $W = \left(-\frac{7}{3} \middle| -\frac{160}{27}\right)$

6) positiv gekrümmt in $\left[-\frac{7}{3}; \infty\right)$
negativ gekrümmt in $\left(-\infty; -\frac{7}{3}\right]$

7) $t(x) = -\frac{28}{3}x - \frac{748}{27}$ 8) weder gerade noch ungerade

9) $\lim\limits_{x \to -\infty} f(x) = -\infty$ $\lim\limits_{x \to \infty} f(x) = \infty$

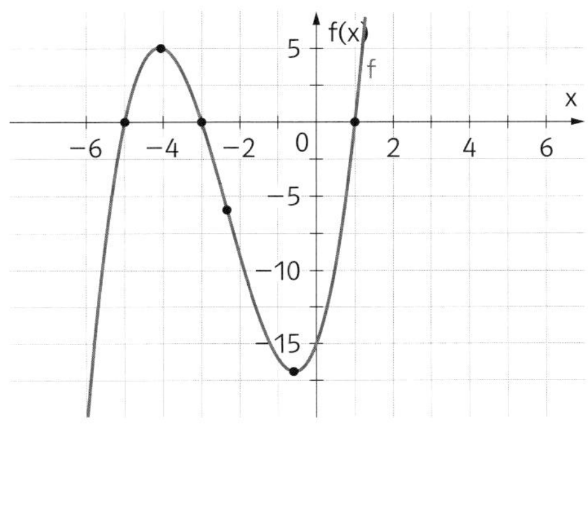

243. Nullstellen: $x_1 = 0$ bzw. $x_2 = 13{,}03$
Bei einem Verkauf von 0 Stück bzw. ab einem Verkauf von 14 Stück wird kein Gewinn gemacht.
Extremstelle bei $x \approx 8{,}43$ Den höchsten Gewinn macht man bei einem Verkauf von 8 Stück.
Wendestelle bei $x \approx 3{,}8$ Ab einem Verkauf von 4 Stück nimmt die Gewinnzunahme bei einem weiteren verkauften Stück ab.

244. **a)** Bei einem Verkauf von 40 bzw. 41 Stück ist der Gewinn maximal.
b) streng monoton steigend in $[0; 40{,}5]$ streng monoton fallend in $[40{,}5; \infty)$
Bis zu einem Verkauf von ca. 40 Stück nimmt der Gewinn zu, ab einem Verkauf von 41 Stück nimmt der Gewinn ab.
c) $x_1 = 0$ bzw. $x_2 = 61$
Bei einem Verkauf von 0 Stück bzw. ab einem Verkauf von 61 Stück wird kein Gewinn gemacht.
d) $W = (20 \mid 8\,610\,000)$ positiv gekrümmt in $[0; 20]$ negativ gekrümmt in $[20; \infty)$
Ab einem Verkauf von 20 Stück nimmt die Gewinnzunahme bei einem weiteren verkauften Stück ab, davor nimmt sie zu.

245. Musteraufgabe

246. **a)**
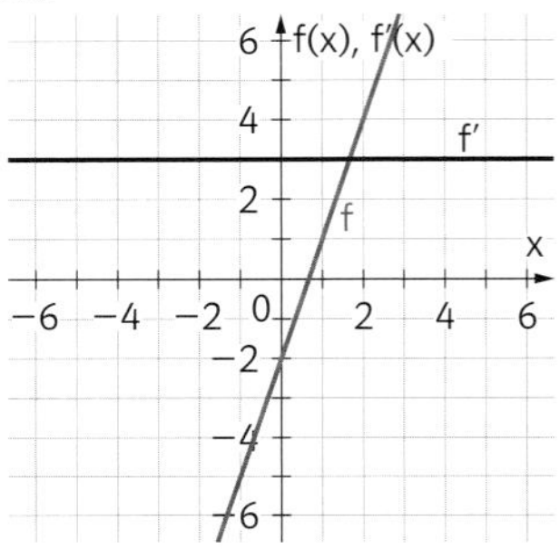

b)
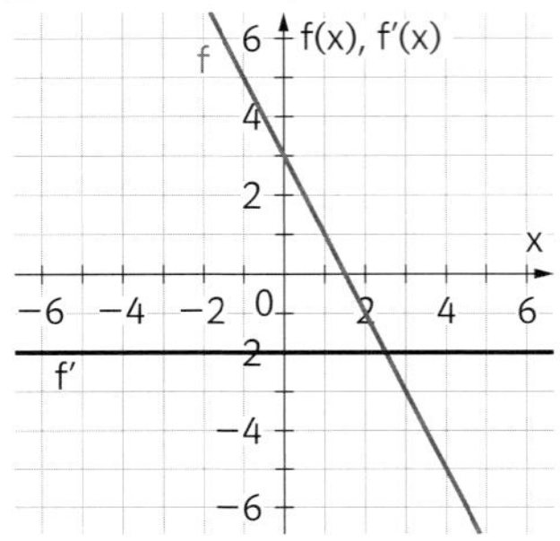

c)
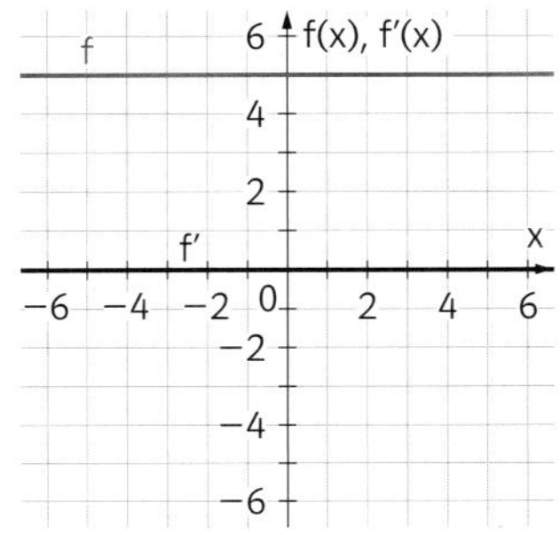

247. **a)**
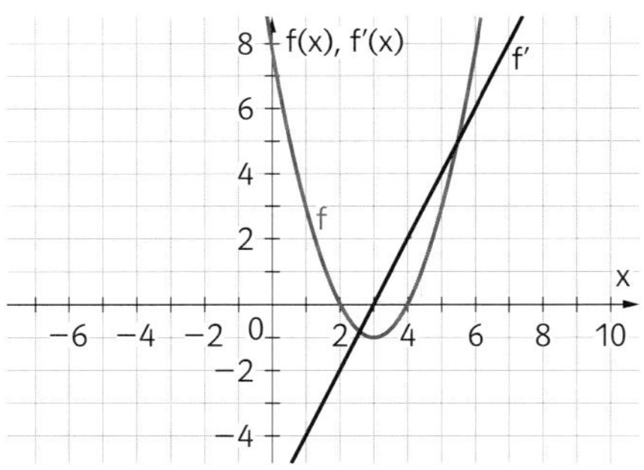

b)
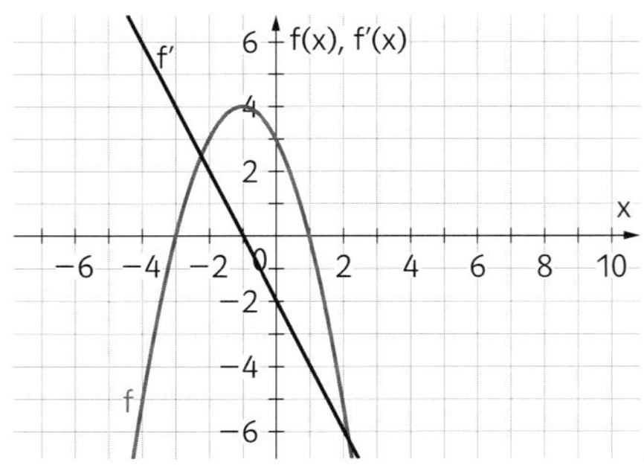

248. **a)**
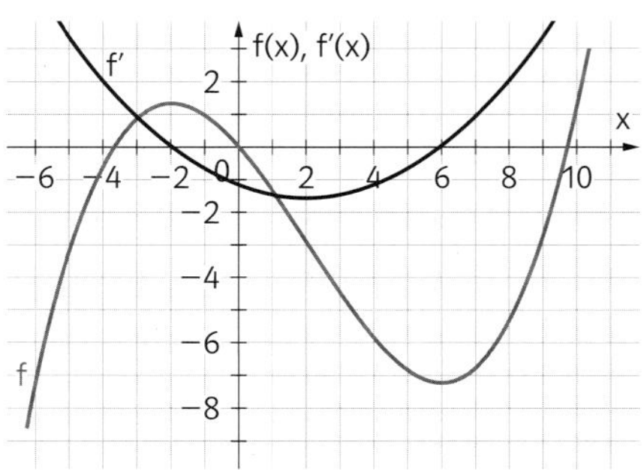

b)
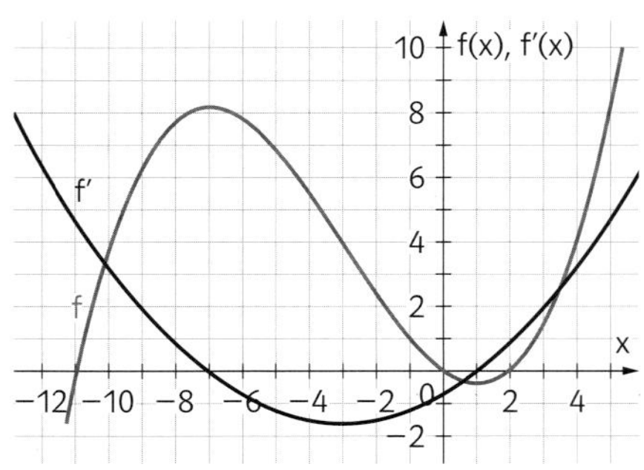

c)

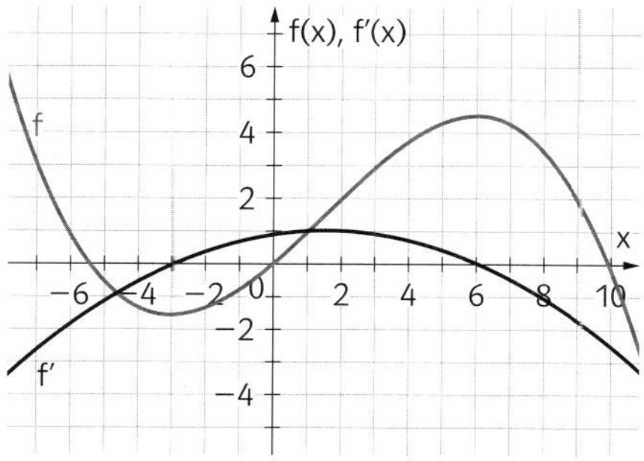

d)

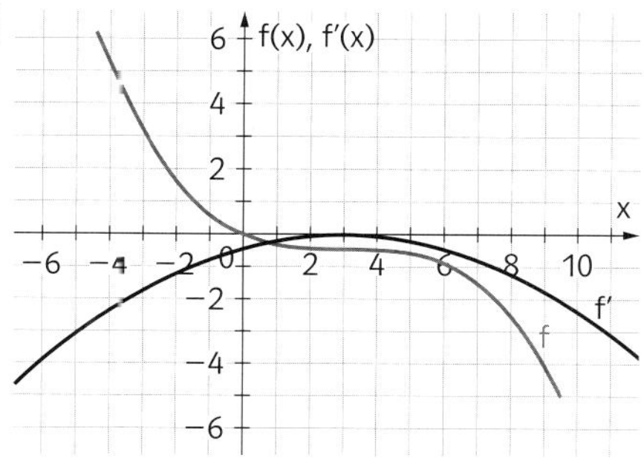

249. **a)**

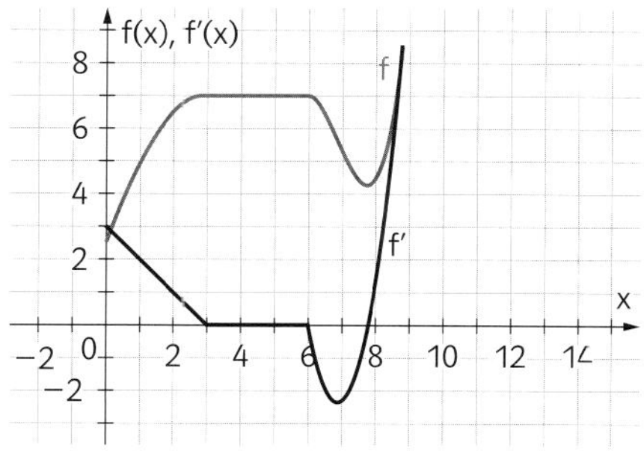

b)

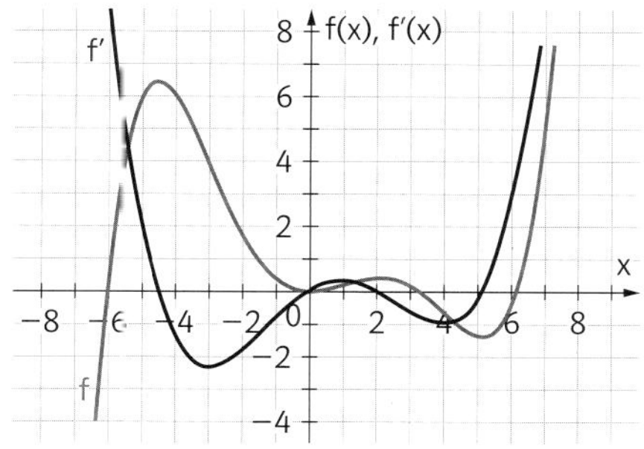

250.

Funktionsgraph	1. Ableitung	2. Ableitung
1	13	2
5	14	4
8	6	3
11	9	15
12	10	7

251. Mögliche Graphen sind ii und iii, da sie an der Stelle 1,5 eine Extremstelle besitzen und für $x < 1{,}5$ streng monoton fallend und für $x > 1{,}5$ streng monoton steigend sind.

252. Ein möglicher Graph ist i, da er an den Stellen -1 und 5 Extremstellen besitzt und für $x < -1$ streng monoton steigend, für $-1 < x < 5$ streng monoton fallend und für $x > 5$ streng monoton steigend ist.

253. **a)**

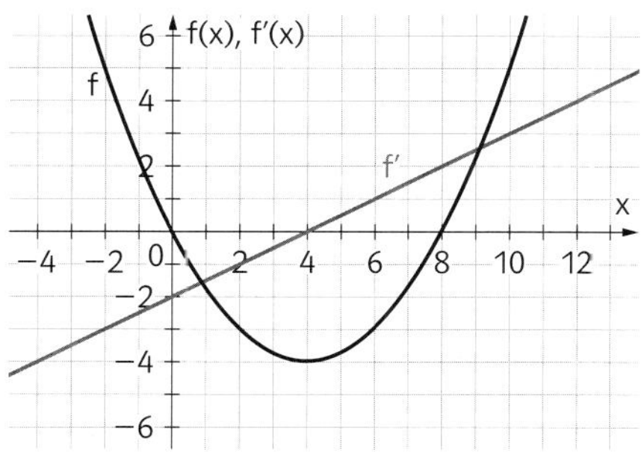

b)

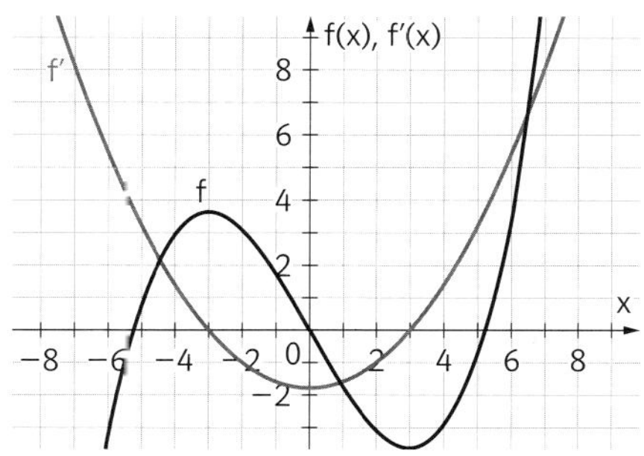

254. Man könnte unendlich viele Funktionen zeichnen, die die Ableitungsfunktion f′ besitzen. Alle Polynomfunktionen der Form $h(x) = f(x) + c$, $c \in \mathbb{R}$ besitzen f′ als Ableitungsfunktion.

255. Musteraufgabe

256. **a)** $f(x) = -\frac{5}{8}x^2 + 3{,}5x + \frac{17}{8}$ **c)** $f(x) = 0{,}5x^2 - 4{,}5x + 10$

b) $f(x) = \frac{1}{3}x^2 + \frac{2}{3}x - 6$ **d)** $f(x) = -\frac{13}{6}x^2 + \frac{25}{6}x + 4$

257. $f(x) = -\frac{3}{16}x^2 - \frac{9}{8}x - \frac{43}{16}$

258. $f(x) = -\frac{1}{3}x^2 + \frac{10}{3}x - \frac{19}{3}$

259. $f(x) = -\frac{3}{80}x^2 + \frac{3}{20}x - \frac{89}{80}$

260. **a)** mögliche Punkte: $A = (0 \mid 4)$, Scheitelpunkt $S = (3 \mid 7{,}5)$, $f(x) = -\frac{7}{18}x^2 + \frac{7}{3}x + 4$

b) mögliche Punkte: $A = (-6 \mid 5)$, $B = (2 \mid 5)$, $C = (-3 \mid 8)$, $f(x) = -0{,}2x^2 - 0{,}8x + 7{,}4$

c) mögliche Punkte: $A = (4 \mid 12)$, $B = (6 \mid 10)$, $C = (12 \mid 6)$, $f(x) = \frac{1}{24}x^2 - \frac{17}{12}x + 17$

261. B, C, D

262. B, D, E

263. $f(x) = \frac{1}{3}x^3 - 7x^2 + 48x$

264. $f(x) = -0{,}5x^3 + 1{,}5x^2 + 3$

265. $f(x) = 0{,}5x^3 + 3x^2 + 3$

266. $f(x) = \frac{1}{3}x^3 - 2x^2 + 4x$

267. $f(x) = -0{,}5x^3 - 1{,}5x^2$

268. $f(x) = \frac{2}{3}x^3 + 2x^2 - 1$

269. **a)** $f(x) = \frac{1}{9}x^3 - \frac{1}{2}x^2 - \frac{4}{3}x$ **b)** $f(x) = \frac{1}{18}x^3 - \frac{1}{2}x^2 + 1$

270. $s(0) = 0$; $s'(3) = 1{,}2$; $s'(11) = 1{,}7$; $s''(8) = 0$; $s'(8) = 2$

271. $v(0) = 15$; $v(3) = 17$; $v'(3) = 0{,}8$; $v'(7) = 0$

272. $f(x) = x^4 - 4x^3 + x$

273. $f(x) = \frac{5}{6}x^4 - 45x^2 + 2$

274. $f(x) = -0{,}5x^4 + 3x^2 + 4$

275. $f(x) = 1{,}5x^4 - 4x^3 + 1$

276. $f(x) = 2x^4 - 4x^3 - 10x^2 - 2$

277. $f(x) = \frac{1}{12}x^4 - x^3 + 2{,}5x^2 + 1$

278. **a)** $f(x) = 0{,}25x^4 - x^3 - 0{,}5x^2 + 3x$ **b)** $f(x) = \frac{1}{32}x^4 - \frac{3}{8}x^3 + \frac{7}{8}x^2 + 3$

279. B, C, D, E

280. Länge x = Breite y = 10 m 0 m ≤ Länge / Breite ≤ 20 m

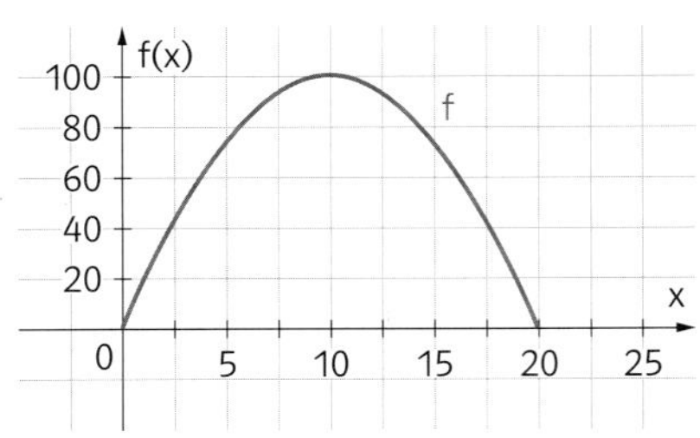

281. $x = 9{,}5\,m$ $y = 4{,}75\,m$ $0\,m \leq x \leq 19\,m$

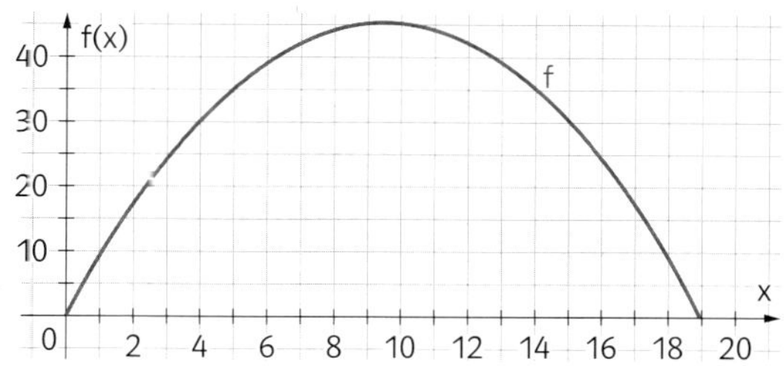

282. **a)** Länge = 50 m, Breite = 25 m; maximaler Flächeninhalt = $1250\,m^2$

b) Länge = $\frac{z}{2}$, Breite = $\frac{z}{4}$; maximaler Flächeninhalt = $\frac{z^2}{8}$

283. **a)** $h = 12{,}5\,cm$ **b)** $h = \frac{z}{4}\,cm$

284. **a)** Länge = Breite = 9 m **b)** Länge = Breite = $\sqrt{z}\,m$

285. **a)** $a = h = \frac{25}{3}\,cm$ **b)** $a = h = \frac{z}{12}\,cm$

286. **a)** $b = 3\sqrt{2}\,cm$; $c = \frac{3\sqrt{2}}{2}\,cm$ **b)** $c = \sqrt{\frac{V}{10}}\,cm$; $b = \frac{\sqrt{10V}}{5}\,cm$

287. $x = 2\,cm$

288. **a)** $r \approx 0{,}32\,dm$ $h \approx 0{,}62\,dm$

b) Aus ergonomischen Gründen weichen die optimalen Maße von den tatsächlichen ab. Die Dose wäre unbequem in der Hand zu halten.

289. Musteraufgabe

290. **a)** $r \approx 16{,}33\,cm$; $h \approx 23{,}09\,cm$ **b)** $r = \frac{z\sqrt{6}}{3}\,cm$; $h = \frac{2z\sqrt{3}}{3}\,cm$

291. **a)** $h \approx 10{,}67\,cm$; $r \approx 7{,}54\,cm$; $V \approx 635\,cm^3$ **b)** $h = \frac{4z}{3}\,cm$; $r = z \cdot \sqrt{\frac{8}{9}}\,cm$; $V = \frac{32z^3\pi}{81}\,cm^3$

292. Länge = Breite ≈ 56,57 cm

293. **a)** $h \approx 5{,}77\,cm$; $r \approx 8{,}16\,cm$ **b)** $h = \frac{z\sqrt{3}}{3}\,cm$; $r = z \cdot \sqrt{\frac{2}{3}}\,cm$

294. $h = a = 2\,cm$; $V = 8\,cm^3$

295. $h \approx 1{,}83\,cm$; $r = 2{,}58\,cm$; $V \approx 12{,}75\,cm^3$

296. Musteraufgabe

297. Seitenlängen des Rechtecks: 5 cm; 4 cm Maximaler Flächeninhalt: $20\,cm^2$

298. Seitenlängen des Rechtecks: 2 cm; 1,5 cm; $A_{Rechteck} = 3\,cm^2$; $A_{Dreieck} = 6\,cm^2$; $A_{Rechteck} : A_{Dreieck} = 1 : 2$

299. $x = 6\,cm$; $y = 3\,cm$

300. Maße des Zylinders: $r = 30\,cm$; $h = 40\,cm$ Maximale Mantelfläche: $M = 2400\pi\,cm^2$

301. Maße des Kegels: $r = \frac{2R}{3}$; $h = \frac{H}{3}$

302. **a)** 1-B; 2-D; 3-E; 4-A

b) nach drei Stunden

c) Da nach acht Stunden die höchste Temperatur gemessen wurde, gilt $T'(8) = 0$. Setzt man diese Informationen in T′ ein, erhält man die gewünschte Gleichung.

d) Diese Überlegung ist falsch, da bei $t = 14$ ein globales Minimum liegt. Dieses ist aber nicht lokal. Die Funktion f besitzt an dieser Stelle keine waagrechte Tangente.

303.–310. Selbstkontrolle (Lösungen im Schulbuch)

311.–318. Kompetenzcheck (Lösungen im Schulbuch)

4 Kreis und Kugel

Kapitel 4
76p96z

319. a) 1) $\overrightarrow{PQ} = \begin{pmatrix} 8 \\ 5 \end{pmatrix}$ 2) $\approx 9{,}43$ 3) $-5x - 8y = -47$

b) 1) $\overrightarrow{PQ} = \begin{pmatrix} 1 \\ -4 \end{pmatrix}$ 2) $\approx 4{,}12$ 3) $4x + y = -3$

c) 1) $\overrightarrow{PQ} = \begin{pmatrix} 9 \\ -7 \end{pmatrix}$ 2) $\approx 11{,}40$ 3) $7x + 9y = -60$

320. a) 1) k: $(x+1)^2 + (y-3)^2 = 16$ 2) k: $x^2 + y^2 + 2x - 6y = 6$

b) 1) k: $(x-7)^2 + (y+3)^2 = 100$ 2) k: $x^2 + y^2 - 14x + 6y = 42$

c) 1) k: $x^2 + (y-2)^2 = 4$ 2) k: $x^2 + y^2 - 4y = 0$

d) 1) k: $(x+3)^2 + y^2 = 1$ 2) k: $x^2 + y^2 + 6x = -8$

e) 1) k: $x^2 + y^2 = 49$ 2) k: $x^2 + y^2 = 49$

f) 1) k: $x^2 + y^2 = 9$ 2) k: $x^2 + y^2 = 9$

321. a) $(x-4)^2 + (y-2)^2 = 64$

b) $(x+5)^2 + (y+3)^2 = 25$

c) $x^2 + y^2 = 36$

d) $(x-12)^2 + (y+16)^2 = 256$

322. Die Lösung hängt von der Lage des gewählten Koordinatensystems ab. z. B.

a) $x^2 + y^2 = 4$, $x^2 + y^2 = 16$, $x^2 + y^2 = 36$, $x^2 + y^2 = 64$

b) $(x-4)^2 + y^2 = 16$, $(x+4)^2 + y^2 = 16$, $x^2 + (y-4)^2 = 16$, $x^2 + (y+4)^2 = 16$

c) $x^2 + y^2 = 64$, $(x-4)^2 + y^2 = 16$, $(x+4)^2 + y^2 = 16$, $(x-4)^2 + y^2 = 4$, $(x+4)^2 + y^2 = 4$

323. a) $(x+1)^2 + (y-2)^2 = 13$

b) $(x-1)^2 + (y-5)^2 = 58$

c) $x^2 + y^2 = 1$

d) $x^2 + (y-2)^2 = 9$

e) $(x-3)^2 + (y+4)^2 = 25$

f) $x^2 + (y-10)^2 = 100$

324. a) $M = (1|3)$; $r = 2$

b) $M = (0|-3)$; $r = 5$

c) $M = (5|-2)$; $r = \sqrt{5}$

d) $M = (-7|0)$; $r = 10$

e) $M = (0|0)$; $r = 1$

f) $M = (-9|1)$; $r = \sqrt{1000}$

325. a)

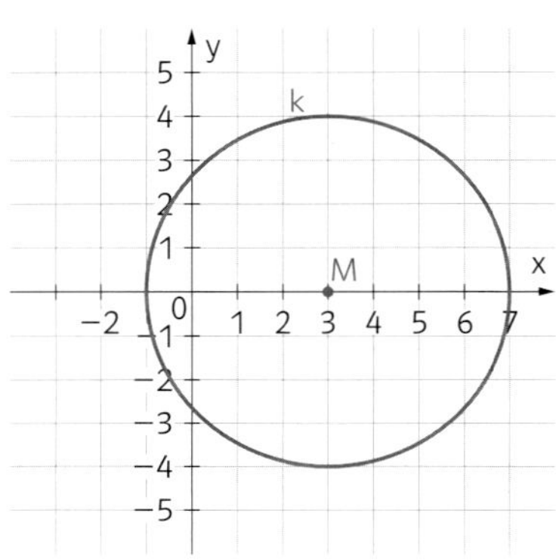

b)

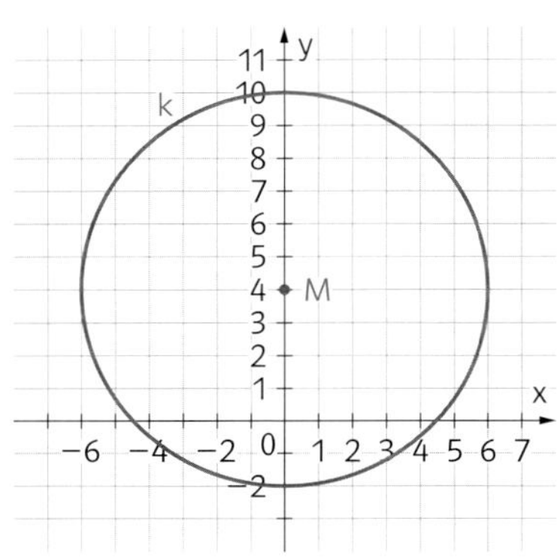

c)

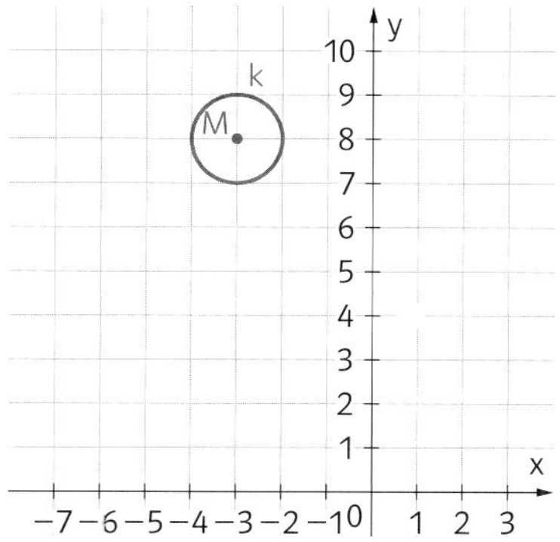

d)

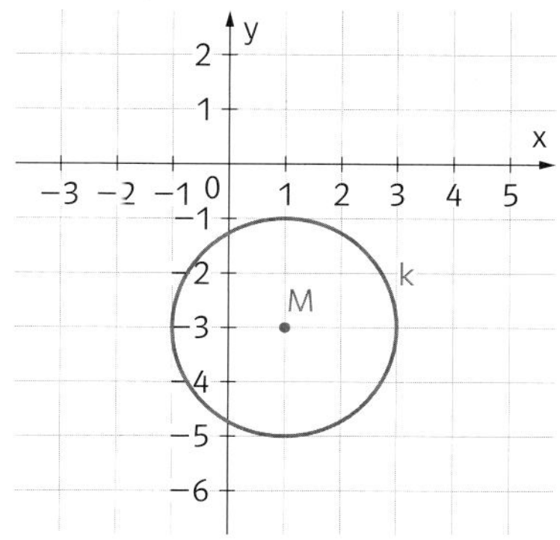

e)

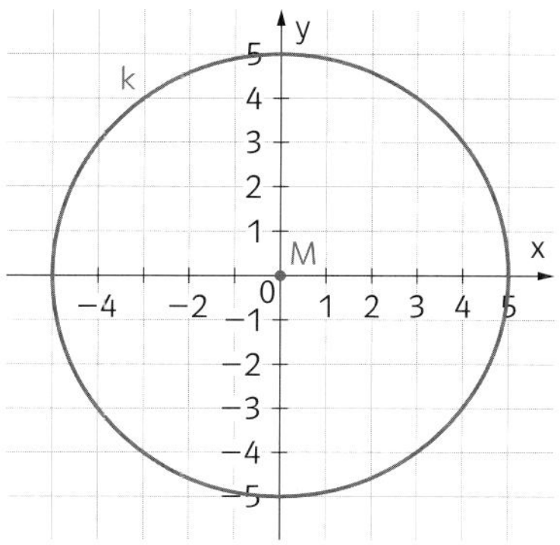

f)

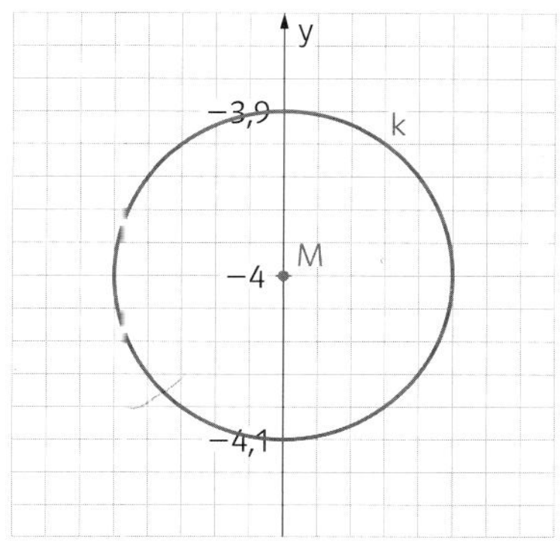

326. $x^2 + y^2 = r^2$

327. **a)** 1) $(x-4)^2 + (y-5)^2 = 25$ 2) $(x-4)^2 + (y-5)^2 = 16$ 3) nicht möglich
b) 1) und 2) und 3): $(x-2)^2 + (y-2)^2 = 4$
c) 1) nicht möglich 2) $(x+3)^2 + y^2 = 9$ 3) nicht möglich
d) 1) und 2) und 3): $(x+3)^2 + (y-3)^2 = 9$
e) 1) wenn $b \neq 0$: $(x-a)^2 + (y-b)^2 = b^2$
2) wenn $a \neq 0$: $(x-a)^2 + (y-b)^2 = a^2$
3) wenn $|a| = |b| \neq 0$: $(x-a)^2 + (y-b)^2 = b^2$

328. 1: E; 2: D; 3: A; 4: C

329. A, B, C, E

330. **a)** $x^2 + 4x + 4 = (x+2)^2$
b) $y^2 + 8y + 16 = (y+4)^2$
c) $x^2 - 5x + 6{,}25 = (x-2{,}5)^2$
d) $y^2 - y + 0{,}25 = (y-0{,}5)^2$

331. Musteraufgabe

332. **a)** $M = (1 \mid -2)$; $r \approx 2{,}65$
b) $M = (-4 \mid 2)$; $r \approx 3{,}16$
c) $M = (0 \mid 5)$; $r \approx 5{,}10$
d) $M = (6 \mid 0)$; $r \approx 6{,}15$
e) $M = (-1 \mid -1)$; $r \approx 1{,}41$
f) $M = (3 \mid -4)$; $r = 4$

333. **a)** nein **b)** ja **c)** ja **d)** nein **e)** nein ($r = 0$) **f)** nein

334. $x^2 + y^2 + ax + by + c = 0$
auf ein vollständiges Quadrat bringen: $\left(x + \frac{a}{2}\right)^2 + \left(y + \frac{b}{2}\right)^2 = \frac{a^2}{4} + \frac{b^2}{4} - c$
Rechte Seite muss positiv sein: $\frac{a^2}{4} + \frac{b^2}{4} > c \Rightarrow a^2 + b^2 > 4c$

335. **a)** $P = (-3{,}20 \mid 2)$ oder $P = (7{,}20 \mid 2)$
b) $P = (0 \mid 4{,}66)$ oder $P = (0 \mid -6{,}66)$
c) $P = (-1 \mid 4{,}20)$ oder $P = (-1 \mid -6{,}20)$
d) $P = (7 \mid 2{,}32)$ oder $P = (7 \mid -4{,}32)$
e) $P = (-3{,}20 \mid -4)$ oder $P = (7{,}20 \mid -4)$

336. selbstgewählte Punkte, die die Kreisgleichung erfüllen müssen

337. **a)** x-Achse: $(-0{,}93\,|\,0)$, $(12{,}93\,|\,0)$; y-Achse: $(0\,|\,6)$, $(0\,|\,-2)$
b) x-Achse: $(-9\,|\,0)$; y-Achse: $(0\,|\,5{,}64)$, $(0\,|\,14{,}36)$
c) x-Achse: $(-6\,|\,0)$, $(10\,|\,0)$; y-Achse: $(0\,|\,6)$, $(0\,|\,-10)$

338. A: 5 B: 3 C: 2 D: 1

339. **a)** $P \in k$; Q außerhalb von k **b)** P innerhalb von k; Q außerhalb von k

340. (1) innerhalb (2) $\overline{MP} < 6$

341. Musteraufgabe

342. **a)** $(x+4)^2 + (y-3)^2 = 36$ **c)** $(x-5)^2 + (y+3)^2 = 225$
b) $(x+7{,}5)^2 + (y+7)^2 = 106{,}25$ **d)** $(x+2{,}3571)^2 + (y-4{,}1857)^2 = 28{,}7335$

343. **a)** 1) $x^2 + y^2 = 64$ 2) durch eine Skizze der drei Punkte sieht man $r = 8$ und $M = (0\,|\,0)$
b) 1) $(x-6)^2 + y^2 = 36$ 2) durch eine Skizze der drei Punkte sieht man $r = 6$ und $M = (6\,|\,0)$

344. **a)** Weil die drei Punkte auf einer Geraden (x-Achse) liegen. Geogebra: findet keine sinnvolle Gleichung.
b) Weil die drei Punkte auf einer Geraden (1. Mediane) liegen. Geogebra: findet keine sinnvolle Gleichung.

345. Musteraufgabe

346. **a)** k_1: $(x-5)^2 + (y-4)^2 = 82$; $k_2 = (x+5)^2 + (y+4)^2 = 82$
b) k_1: $(x+8)^2 + (y-14)^2 = 74$; $k_2 = (x+8)^2 + y^2 = 74$
c) existiert nicht
d) k_1: $(x+11)^2 + (y+2)^2 = 50$; $k_2 = (x-1)^2 + (y-2)^2 = 50$

347. Ihre Mittelpunkte liegen auf der Streckensymmetrale der beiden Punkte.

348. **a)** Man ermittelt den Mittelpunkt M von k, indem man die Streckensymmetrale von A und B mit g schneidet. Der Radius ergibt sich aus dem Abstand von M zu einem der gegebenen Punkte.
b) Man schneidet die Normale zu g durch m mit g und erhält den Berührpunkt T. Der Abstand MT ist der Radius der Kreislinie.

349. **a)** k: $(x-0{,}5)^2 + (y-2{,}5)^2 = 12{,}5$ **b)** k: $(x+2{,}17)^2 + (y+9{,}33)^2 = 124{,}14$

350. **a)** k: $(x-3)^2 + (y-3)^2 = 3{,}2$ **b)** k: $(x+2)^2 + y^2 = 25$ **c)** k: $x^2 + y^2 = 16$

351. 1) $(0\,|\,a)$ 2) er auf der Streckensymmetrale von AB liegt

352. A-6; B-1; C-2; D-3

353. B, E

354. **a)** g ist Sekante; $A = (-7\,|\,0)$; $B = (-5 < -4)$ **c)** g ist Passante
b) g ist Tangente; $T(3\,|\,5)$ **d)** g ist Sekante; $A = (-8\,|\,2)$; $B = (0\,|\,-6)$

355. **a)** g ist Tangente; $T = (4\,|\,0)$ **c)** g ist Sekante; $A = (0{,}52\,|\,1{,}61)$; $B = (2{,}36\,|\,-4{,}55)$
b) g ist Passante **d)** g ist Sekante; $A = (-3{,}85\,|\,0{,}85)$; $B = (2{,}85\,|\,-5{,}85)$

356. **a)** g ist Tangente **c)** g ist Tangente **e)** g ist Passante
b) g ist Sekante **d)** g ist Passante **f)** g ist Sekante

357. Musteraufabe

358. a) $A = (3|4)$ b) $A = (3|7)$; $B = (9|3)$ c) $A = (3{,}65|2{,}57)$; $B = (-1{,}33|-1{,}79)$ d) $A = (3|7)$; $B = (-7|7)$

359. a) g ist Tangente b) g ist Sekante c) g ist Tangente d) g ist Sekante

360. a) $S_1 = (-10{,}48|1{,}01)$; $S_2 = (-0{,}59|7{,}60)$
b) $S_1 = (4{,}95|-0{,}17)$; $S_2 = (-2{,}36|-1{,}39)$
c) $S_1 = (-2{,}00|4{,}75)$; $S_2 = (7{,}94|-3{,}95)$

361. a) ja b) nein c) ja d) ja

362. a) 1) $y = 11$; $y = -1$ 2) $x = -5$; $x = 7$
b) 1) $y = 4$; $y = -4$ 2) $x = 1$; $x = -7$
c) 1) $y = 6$; $y = -4$ 2) $x = -8$; $x = 12$

363. A-4; B-1; C-2; D-3

364. individuelle Lösung

365. a) $-x + y = 5{,}66$; $-x + y = -5{,}66$
b) $-x + y = 11{,}31$; $-x + y = -11{,}31$
c) $-x + y = 1{,}41$; $-x + y = -1{,}41$

366. Musteraufgabe

367. a) $m = -4$; $m = 1{,}76$
b) $m = 4{,}90$; $m = -4{,}90$
c) $m = -5$; $m = 1{,}35$
d) $m = -0{,}59$; $m = -3{,}41$

368. $d^2 = r^2(1 + k^2)$

369. B, D, E

370. a) $X = \begin{pmatrix}5\\9\end{pmatrix} + s\begin{pmatrix}1\\3\end{pmatrix}$; $-3x + y = -6$ b) $X = \begin{pmatrix}0\\0\end{pmatrix} + s\begin{pmatrix}1\\0\end{pmatrix}$; $y = 0$ c) $X = \begin{pmatrix}3\\9\end{pmatrix} + s\begin{pmatrix}-1\\2\end{pmatrix}$; $2x + y = 15$

371. zum Beispiel:
a) $4x + 2y = 6$; $X = \begin{pmatrix}1\\1\end{pmatrix} + s\begin{pmatrix}2\\-4\end{pmatrix}$
b) $x = 0$; $X = \begin{pmatrix}0\\0\end{pmatrix} + s\begin{pmatrix}0\\1\end{pmatrix}$
c) $3x + 5y = 1$; $X = \begin{pmatrix}1\\1\end{pmatrix} + s\begin{pmatrix}5\\-3\end{pmatrix}$
d) $y = 0$; $X = \begin{pmatrix}0\\0\end{pmatrix} + s\begin{pmatrix}1\\0\end{pmatrix}$
e) $-6x + 7y = 2$; $X = \begin{pmatrix}2\\-3\end{pmatrix} + s\begin{pmatrix}7\\6\end{pmatrix}$
f) $x + y = 0$; $X = \begin{pmatrix}1\\1\end{pmatrix} + s\begin{pmatrix}1\\-1\end{pmatrix}$

372. a) ja b) nein c) ja

373. Musteraufgabe

374. Musteraufgabe

375. a) $-4x + 3y = 17$ b) $7x - 6y = 58$ c) $x = 1$ d) $-3x + 2y = 7$ e) $6{,}78x + 2y = 77{,}91$ f) $y = -2$

376. a) $y = -3$ b) $x = -4$ c) $x + 3y = 17$ d) $x + y = 1$

377. a) $2{,}3x + 2{,}59y = 12$ b) $-3{,}77x + 4y = 43{,}91$ c) $0{,}77x + 2{,}1y = 5{,}30$ d) $2x - 3{,}5y = 7{,}5$

378. Musteraufgabe

379. a) $(-13|15)$, $(-12|8)$
b) $(-4{,}94|20{,}06)$, $(4{,}06|11{,}06)$
c) $(1|14)$, $(9|6)$
d) nicht möglich, P ist innerhalb des Kreises

380. a) t_1: $2x + y = -12$; t_2: $-2x + y = 0$
b) t_1: $4x - 3y = -72$; t_2: $-3x - 4y = -21$
c) t: $-x + y = 4$
d) t: $-4x + 3y = -9$

381. Musteraufgabe

382. **a)** $x + y = -15;\ x + y = 9$
b) $x = -4;\ x = 2$
c) $-3x - y = -47;\ -3x - y = -7$
d) $-2x + 3y = 26;\ -2x + 3y = -26$

383. **a)** $-x + y = 7;\ x - y = -17$
b) $y = -1{,}07;\ y = 3{,}09$
c) $x - 3y = 19;\ x - 3y = -21$
d) $-3x - 2y = 26;\ -3x - 2y = 26$

384. A-1; B-6; C-5; D-3

385. B, C

386. Musteraufgabe

387. **a)** $\alpha = 22{,}62°$ **b)** $\alpha = 20{,}56°$ **c)** $\alpha = 90°$ **d)** $\alpha = 0°$ **e)** $\alpha = 90°$ **f)** $\alpha = 90°$

388. 1) Die Gerade geht durch den Kreismittelpunkt. 2) Die Gerade ist Tangente an den Kreis.

389. **a)** $(x-4)^2 + (y-4)^2 = 120$ **b)** $(x-2)^2 + (y+3)^2 = 87$ **c)** $(x-4)^2 + (y-4)^2 = 97$

390. **a)** $(x-4)^2 + (y-4)^2 = 35{,}61$ **b)** $(x-2) + (y+3)^2 = 18{,}97$ **c)** $(x-2)^2 + (y+3)^2 = 20{,}38$

391. Musteraufgabe

392. **a)** $S_1 = (3|4);\ S_2 = (-4|5)$
b) $S_1 = (2|3);\ S_2 = (5|8)$
c) $S_1 = (-5|6);\ S_2 = (-8|11)$
d) $S_1 = (-8|0);\ S_2 = (0|0)$

393. **a)** $(0|4)$

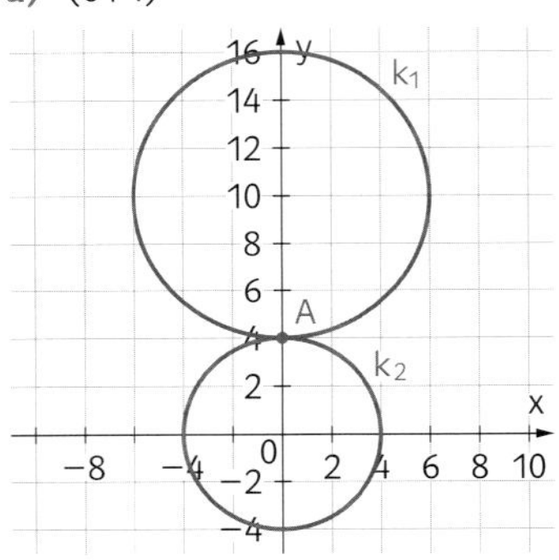

b) $(2{,}72|6{,}33);\ (3|6);$

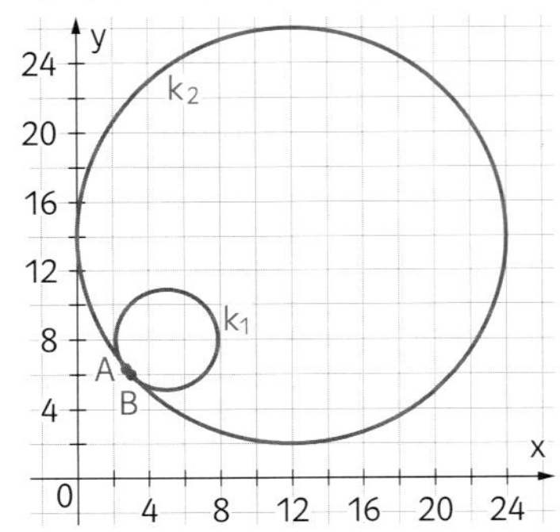

c)

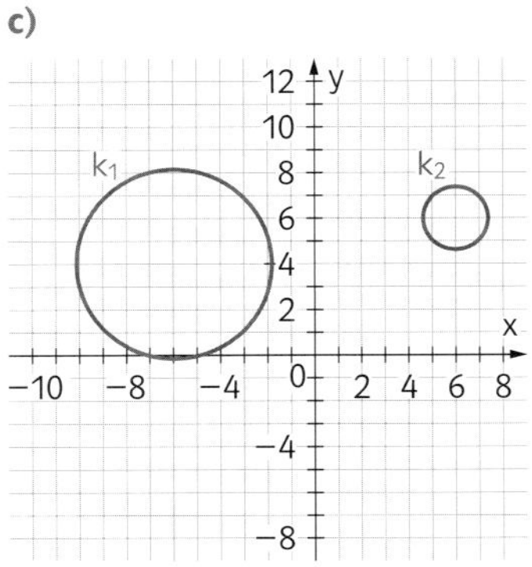

d) $(-2{,}25|5{,}56);\ (-2{,}25|-5{,}56)$

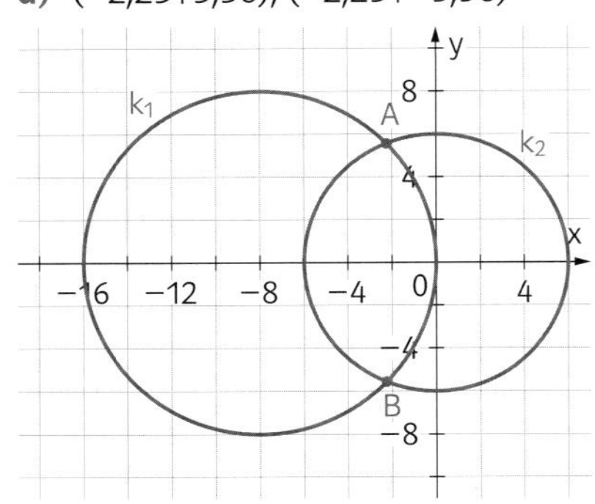

394. kein gemeinsamer Punkt, z. B. einen gemeinsamen Punkt: z. B. zwei gemeinsame Punkte, z. B.

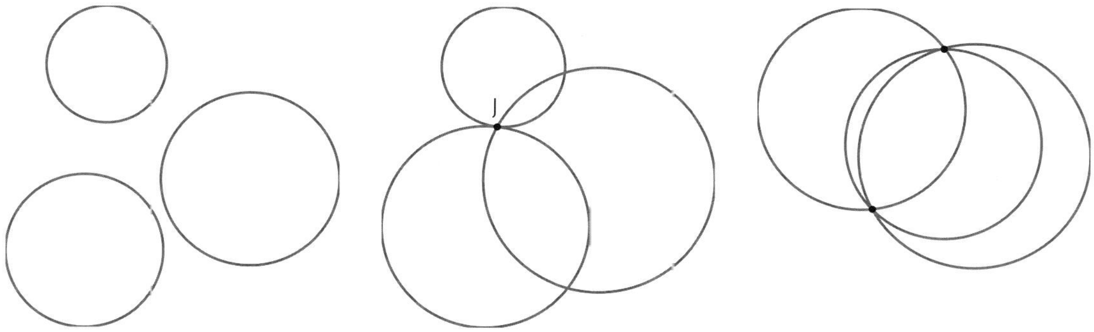

drei oder mehr gemeinsame Punkte sind nicht möglich

395. **a)** (−3 | 0);

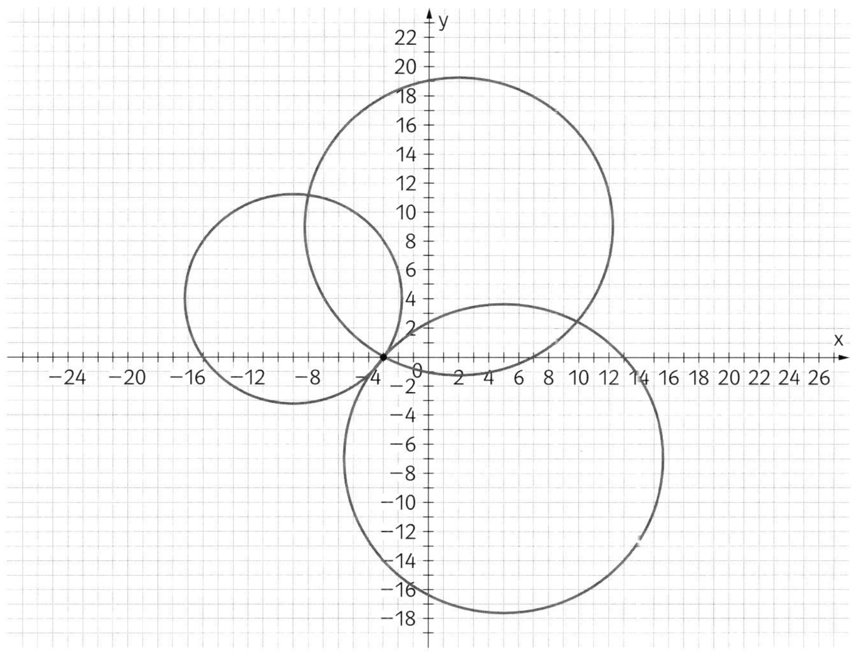

b) (−6,61 | 6,67); (−6 | 0);

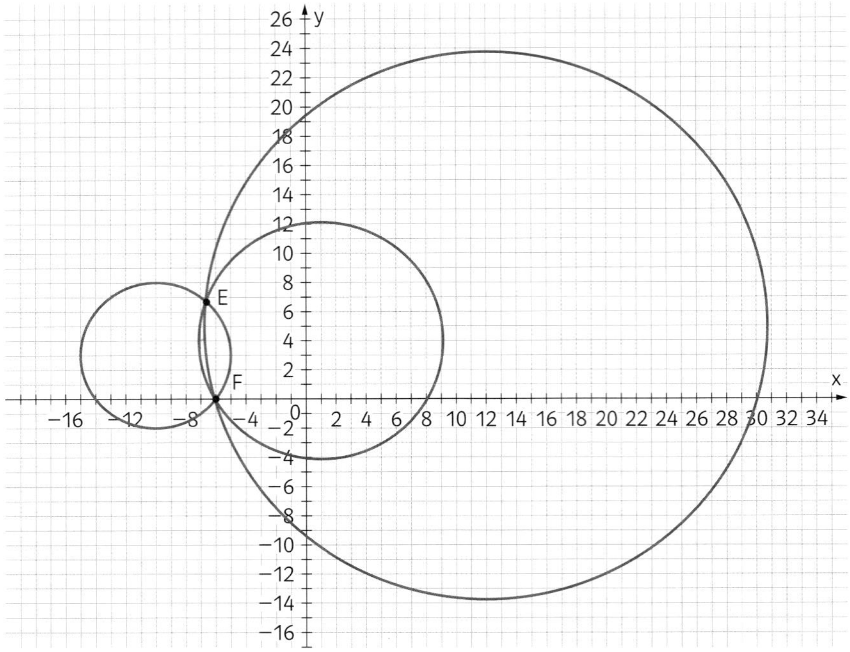

c) keinen gemeinsamen Punkt;

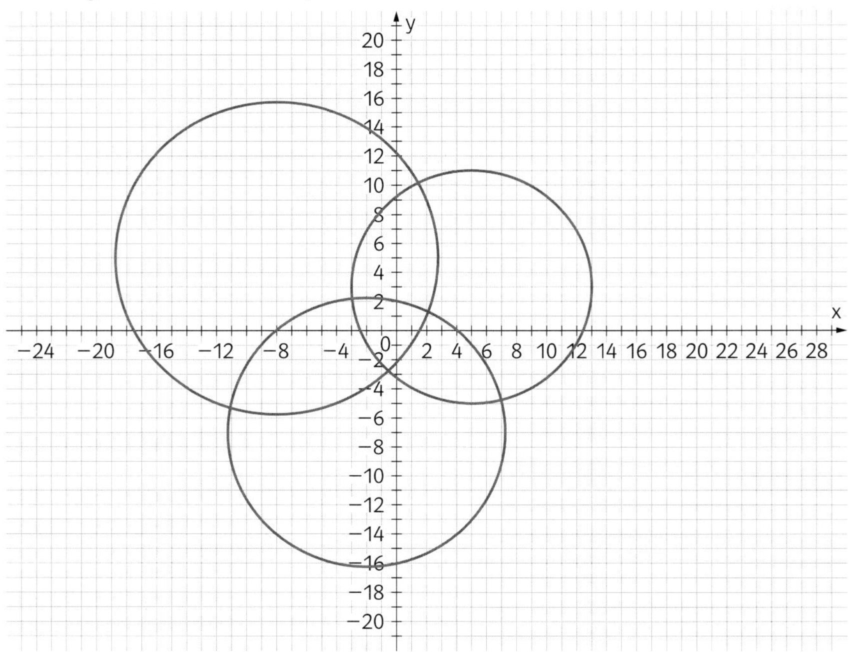

396. Musteraufgabe

397. **a)** 51,34° **b)** 73,41° **c)** 90° **d)** 0°

398. Da die Radialstrecken jeweils senkrecht auf die Tangenten stehen, schließen sie den gleichen Winkel wie die Tangenten ein.

399. **a)** g: $X = \begin{pmatrix} -1 \\ 2 \\ 0 \end{pmatrix} + s\begin{pmatrix} 4 \\ -5 \\ 7 \end{pmatrix}$ **b)** g: $X = \begin{pmatrix} 5 \\ -6 \\ 0 \end{pmatrix} + s\begin{pmatrix} 0 \\ -3 \\ 7 \end{pmatrix}$ **c)** g: $X = \begin{pmatrix} 0 \\ 0 \\ 0 \end{pmatrix} + s\begin{pmatrix} 1 \\ -3 \\ 7 \end{pmatrix}$

400. a) $-4x + y + 3z = 22$ b) $-y = 0$ c) $x + 2y - 3z = 11$;

401. a) $(x-1)^2 + (y-2)^2 + (z-3)^2 = 16$; $x^2 - 2x + y^2 - 4y + z^2 - 6z = 2$
b) $(x+2)^2 + y^2 + (z-2)^2 = 4$; $x^2 + 4x + y^2 + z^2 - 4z = -4$
c) $(x-1)^2 + (y-4)^2 + (z-5)^2 = 36$; $x^2 - 2x + y^2 - 8y + z^2 - 10z = -6$
d) $x^2 + y^2 + z^2 = 100$
e) $x^2 + (y-1)^2 + (z+4)^2 = 0{,}25$; $x^2 + y^2 - 2y + z^2 + 8z = -16{,}75$
f) $x^2 + y^2 + (z-1)^2 = 1$; $x^2 + y^2 + z^2 - 2z = 0$

402. a) $M = (1|-2|2)$; $r = \sqrt{21}$ c) $M = (3|-4|1)$; $r = \sqrt{30}$
b) $M = (6|-4|2)$; $r = \sqrt{61}$ d) $M = (2|-5|0)$; $r = \sqrt{32}$

403. a) M ist im Ursprung c) M liegt auf der z-Achse e) M liegt auf der x-Achse
b) M liegt in der xy-Ebene d) M liegt auf der y-Achse f) M liegt in der yz-Ebene

404. $x^2 + y^2 + z^2 = (6\,371\,000)^2$; Ursprung des Koordinatensystems im Erdmittelpunkt, Einheit: 1 Meter

405. a) $A \in k$, $B \in k$; $C \notin k$ b) $A \notin k$; $B \in k$; $C \in k$ c) $A \in k$; $B \notin k$; $C \notin k$ d) $A \in k$; $B \in k$; $C \in k$

406. a) innerhalb b) innerhalb c) außerhalb d) außerhalb

407. a) A: $y_1 = 5$; $y_2 = -5$; B: $z = 2$ C: $x = 2$
b) A: $z = -1$; B: $z = -1$ C: $y = 1$
c) A: $z_1 = -4$; $z_2 = 0$ B: $b_1 = -2$; $b_2 = 0$ C: $z_1 = -3$, $z_2 = -1$
d) A: $z_1 = -3$, $z_2 = 3$ B: $b_1 = -1$; $b_2 = 3$ C: $x_1 = -1$, $x_2 = 1$

408. Musteraufgabe

409. a) $(2|-1|1)$; $(0{,}67|-6{,}33|-0{,}33)$ b) $(-3|-1|4)$; $(-2|2|2)$

410. a) $X_1 = (-3|0|0)$; $X_2 = (1|0|0)$; $Y_1 = (0|-0{,}65|0)$; $Y_2 = (0|4{,}65|0)$; $Z_1 = (0|0|-1)$; $Z_2 = (0|0|3)$
b) $X_1 = (1|0|0)$; $X_2 = (5|0|0)$
c) $X_1 = (-7|0|0)$; $X_2 = (7|0|0)$; $Y_1 = (0|-7|0)$; $Y_2 = (0|7|0)$; $Z_1 = (0|0|-7)$; $Z_2 = (0|0|7)$
d) $X_1 = (-6|0|0)$; $X_2 = (0|0|0)$; $Y_1 = (0|-8|0)$; $Y_2 = (0|0|0)$; $Z_1 = (0|0|0)$; $Z_2 = (0|0|0)$

411. Musteraufgabe

412. a) $x = -2$ b) $x + 2y - z = 6$ c) $2x - 3z = 4$ d) $x = 4$

413. am Beispiel **94 a)**:
Spaltform erzeugen: $(x-1)(x-1) + (y+3)(y+3) + (z \cdot z) = 9$
T in Spaltform einsetzen: $(-2-1)(x-1) + (-3+3)(y+3) + (0 \cdot z) = 9$
$x = -2$ … dasselbe Ergebnis, wie bei **94 a)**. Es hat funktioniert!

414. a) $x^2 + y^2 + (z-6)^2 = 36$
b) $\approx 9{,}5$ cm
c) Nur wenn die Gerade durch Lichtquelle und Kugelmittelpunkt normal auf die Schatteneben steht.
d) B, C

415. **a)** $(x+5)^2 + y^2 = 16$

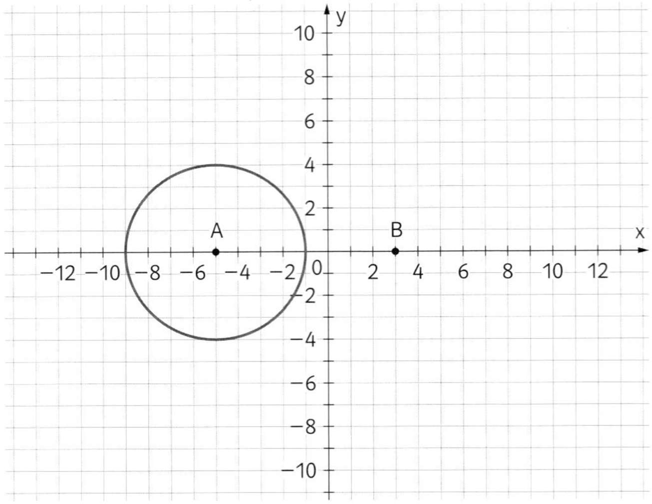

b) $(x-3)^2 + y^2 = 81$; 4,5 m/s

c) $\begin{pmatrix} -5{,}14 \\ 3{,}09 \end{pmatrix}$ oder $\begin{pmatrix} -5{,}14 \\ -3{,}09 \end{pmatrix}$

416.–430. Selbstkontrolle (Lösungen im Schulbuch)

5 Kegelschnitte

Kapitel 5
5mm9x7

431. **a)** 1) $a = 14$; $b = 12$; $e = 5$; $A = (-14 \mid 0)$; $B = (14 \mid 0)$; $C = (0 \mid 12)$; $D = (0 \mid -12)$
2) $F_1A + F_2A = F_1C + F_2C = \ldots = 28$

b) 1) $a = 2{,}5$; $b = 1{,}5$; $e = 2$; $A = (-2{,}5 \mid 0)$; $B = (2{,}5 \mid 0)$; $C = (0 \mid 1{,}5)$; $D = (0 \mid -1{,}5)$
2) $F_1A + F_2A = F_1C + F_2C = \ldots = 5$

c) 1) $a = 5$; $b = 3$; $e = 4$; $A = (-5 \mid 0)$; $B = (5 \mid 0)$; $C = (0 \mid 3)$; $D = (0 \mid -3)$
2) $F_1A + F_2A = F_1C + F_2C = \ldots = 10$

432. $a = 6$; individuelle Lösung

433. a) $e = 3$ **b)** $b = \sqrt{40}$ c) $a = \sqrt{13}$ d) $a \approx 17{,}04$

434. a) $e \approx 2{,}6$ b) $e = 0$ c) $e \approx 4{,}9$

435. a)

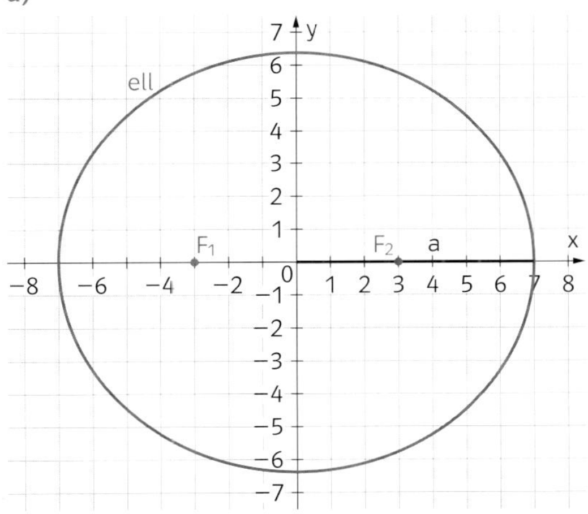

b)

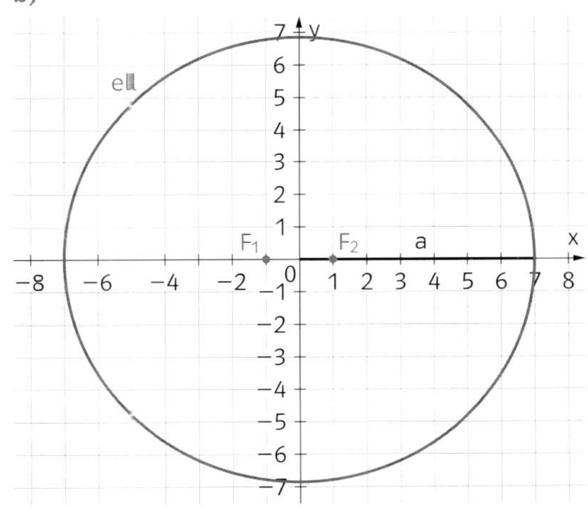

c)

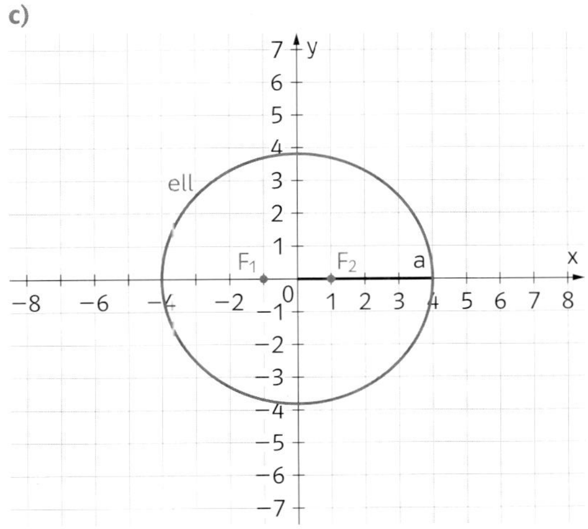

d)

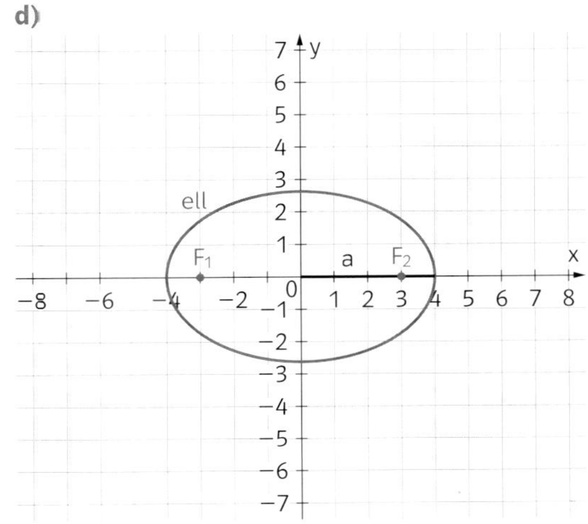

436. Musteraufgabe

437. a) $x^2 + 4y^2 = 100$ **b)** $1x^2 + 2y^2 = 32$ c) $36x^2 + 61y^2 = 2196$ d) $32x^2 + 9y^2 = 288$
e) $5x^2 + 6y^2 = 720$ f) $16x^2 + 81y^2 = 1296$ g) $36x^2 + 85y^2 = 3060$ h) $x^2 + 4y^2 = 4$

438. **a)** $x^2 + 4y^2 = 100$ **b)** $4x^2 + 9y^2 = 144$ **c)** $9x^2 + 34y^2 = 306$ **d)** $12x^2 + 21y^2 = 1008$ **e)** $x^2 + 9y^2 = 144$ **f)** $15x^2 + 64y^2 = 960$

439. **a)** $a = 4;\ b = 3;\ e = \sqrt{7}$ **b)** $a = \sqrt{13};\ b = 1;\ e = \sqrt{12}$ **c)** $a = 7;\ b = 5;\ e = \sqrt{24}$ **d)** $a = 2;\ b = 2;\ e = 0$

440. A; D

441. Musteraufgabe

442.

a)	A = (−2,82 | 0);	B = (2,82 | 0);	C = (0 | 2,45);	D = (0 | −2,45);	F_1 = (−1,41 | 0);	F_2 = (1,41 | 0)
b)	A = (−6 | 0);	B = (6 | 0);	C = (0 | 4);	D = (0 | −4);	F_1 = (−4,47 | 0);	F_2 = (4,47 | 0)
c)	A = (−3,46 | 0);	B = (3,46 | 0);	C = (0 | 2);	D = (0 | −2);	F_1 = (−2,83 | 0);	F_2 = (2,83 | 0)
d)	A = (−10 | 0);	B = (10 | 0);	C = (0 | 5);	D = (0 | −5);	F_1 = (−8,66 | 0);	F_2 = (8,66 | 0)
e)	A = (−9 | 0);	B = (9 | 0);	C = (0 | 6);	D = (0 | −6);	F_1 = (−6,71 | 0);	F_2 = (6,71 | 0)
f)	A = (−2 | 0);	B = (2 | 0);	C = (0 | 1,41);	D = (0 | −1,41);	F_1 = (−1,41 | 0);	F_2 = (1,41 | 0)

443.

a)	A = (−3,61 | 0);	B = (3,61 | 0);	C = (0 | 2,55);	D = (0 | −2,55);	F_1 = (−2,55 | 0);	F_2 = (2,55 | 0)
b)	A = (−6,95 | 0);	B = (6,95 | 0);	C = (0 | 4,55);	D = (0 | −4,55);	F_1 = (−5,26 | 0);	F_2 = (5,26 | 0)
c)	A = (−1,61 | 0);	B = (1,61 | 0);	C = (0 | 3,61);	D = (0 | −3,61);	F_1 = (−3,22 | 0);	F_2 = (3,22 | 0)
d)	A = (−5,77 | 0);	B = (5,77 | 0);	C = (0 | 3,78);	D = (0 | −3,78);	F_1 = (−4,36 | 0);	F_2 = (4,36 | 0)
e)	A = (−5,96 | 0);	B = (5,96 | 0);	C = (0 | 6,32);	D = (0 | −6,32);	F_1 = (−2,10 | 0);	F_2 = (2,10 | 0)
f)	A = (−2,24 | 0);	B = (2,24 | 0);	C = (0 | 1,58);	D = (0 | −1,58);	F_1 = (−1,58 | 0);	F_2 = (1,58 | 0)

444. A: 1, 2; B: 2; C: 1, 2; D: 1, 2; E: 3

445. **a)** $a^2 = 2b^2$
b) $a^2 = 2;\ b^2 = 1 \Rightarrow e^2 = a^2 - b^2 = 2 - 1 = 1 = b^2$

446. Musteraufgabe

447. **a)** $P \notin ell;\ Q \in ell$ **b)** $P \in ell;\ Q \in ell$ **c)** $P \notin ell;\ Q \in ell$ **d)** $P \notin ell;\ Q \in ell$

448. **a)** $y = \mp 2{,}60$ **b)** $x = \mp 3{,}67$ **c)** $y = \mp 2{,}5$ **d)** $x = \mp 2{,}35$ **e)** $y = \mp 1{,}5$

449. individuelle Lösung

450. **a)** Da x- und y-Koordinate quadratisch in der Ellipsenformel auftreten, müssen −m und −n die Gleichung erfüllen, wenn m und n die Gleichung erfüllen.

b)

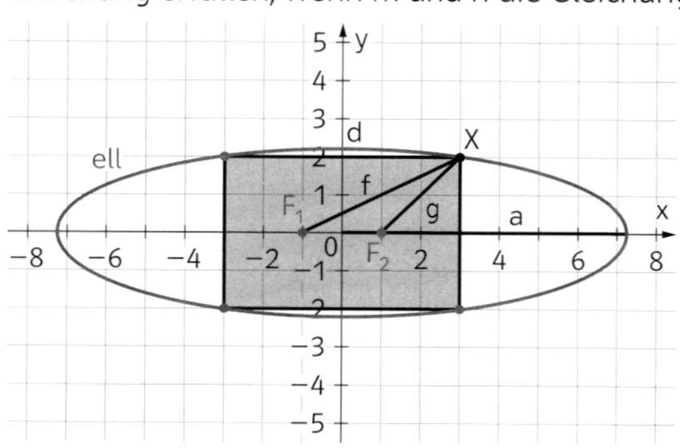

Zuerst legt man das Koordinatensystem so, dass die Eckpunkte des Rechtecks symmetrisch zu den Koordinatenachsen liegen. Dann nimmt man auf der x-Achse zwei zum Ursprung symmetrische Brennpunkte an. Die große Halbachse a der gesuchten Ellipse ergibt sich aus $F_1X + F_2X = 2a$ (siehe Skizze)

451. Musteraufgabe

452. a) $4x^2 + 9y^2 = 180$
b) $x^2 + 2y^2 = 18$
c) $3x^2 + 4y^2 = 192$
d) $221{,}76x^2 + 1821{,}76y^2 = 25\,249{,}61$
e) $233x^2 + 377y^2 = 5490$
f) $616{,}4x^2 + 1640{,}45y^2 = 63\,203{,}44$

453. Nein. Wenn der Punkt P zum Beispiel genau auf der Strecke zwischen den beiden Brennpunkten liegt, gibt es keine passende Ellipse, da in diesem Fall $b = 0$ gilt. Die Ellipse hätte die Gleichung $y^2 = 0$.

454. Musteraufgabe

455. a) $9{,}67x^2 + 14{,}5y^2 = 140{,}17$
b) $2{,}33x^2 + 28y^2 = 65{,}24$
c) $19{,}73x^2 + 21{,}14y^2 = 417{,}22$
d) $14{,}89x^2 + 26{,}8y^2 = 399{,}02$
e) $16{,}6x^2 + 11{,}86y^2 = 196{,}83$
f) $x^2 + y^2 = 8$

456. $a = 5\,m$; $b = 3{,}5\,m$; $e \approx 3{,}57\,m$ Er sollte 2 Pflöcke entlang der Längsachse der Ellipse in 3,57 m Entfernung vom Mittelpunkt einschlagen. Die Schnurlänge sollte 10 m betragen.

457. $(8{,}5)^2x^2 + (12{,}85)^2y^2 = 237{,}3725$

458. Die Überprüfung ist nie exakt möglich, da man ja Messungen durchführen muss.
Drei Möglichkeiten einer Überprüfung:

1) Man berechnet zum Beispiel aus den Längen der großen und kleinen Halbachse (a, b) der zu überprüfenden Figur die Exzentrizität e, markiert anschließend die Brennpunkte der vermuteten Ellipse und führt die Gärtnerkonstruktion durch. Stimmen konstruierte und überprüfte Figur überein, so kann man von einer Ellipse sprechen.
2) Man ermittelt, wie unter 1) den Wert von e. Anschließend überprüft man an ein paar Punkten X der vermuteten Ellipse, ob die Eigenschaft $F_1X + F_2X = 2a$ stimmt.
3) Man fügt ein Bild der vermuteten Ellipse in Geogebra ein und sucht eine passende Ellipse

Die Figur ist keine Ellipse.

459. ja, es handelt sich um Ellipsen

460. ja es handelt sich um eine Ellipse. Kann wie in Aufgabe **458** beschrieben überprüft werden. Siehe auch Onlineergänzung Seite 124.

461. ja, es handelt sich um Ellipsen.

462. a) Ellipse = Auslassung; z. B.: „Ich fahre nach Wien, Rainer nach Dortmund." (das Wort „fährt" wurde im zweiten Satzteil ausgelassen)
b) „ellipein" ist Altgriechisch und bedeutet „mangeln". Woran es einer Ellipse mangelt erfährst du in der Onlineergänzung neben dem Beispiel.

463. Individuelle Lösung

464. a) $e = \sqrt{41}$ b) $b = \sqrt{51}$ c) $a = \sqrt{32}$ d) $\approx 15{,}9$

465. a)

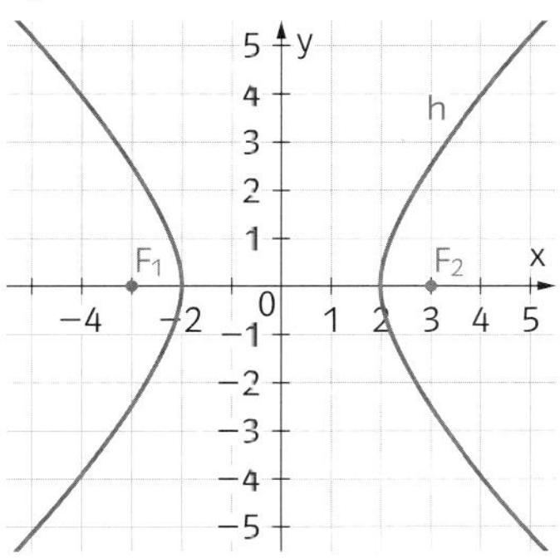

b)

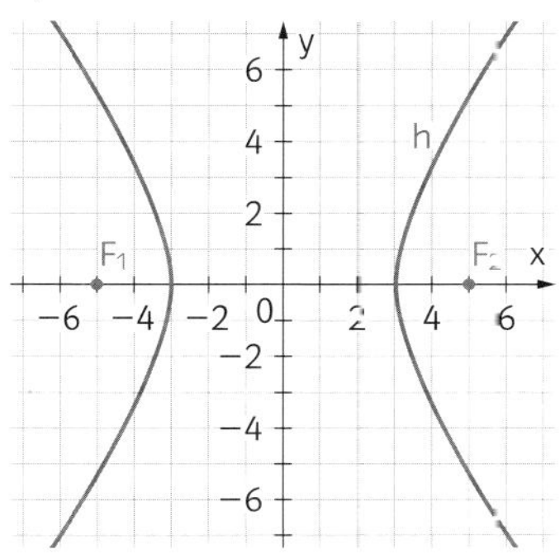

c)

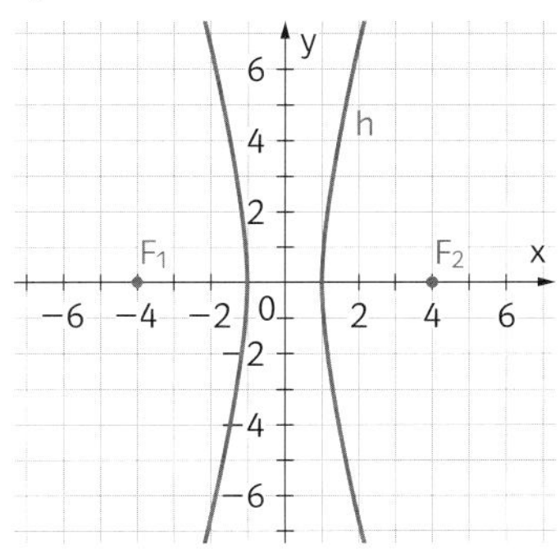

466. a) $25x^2 - 49y^2 = 1225$ **b)** $4x^2 - 5y^2 = 180$ c) $24x^2 - 25y^2 = 600$ d) $9x^2 - 7y^2 = 567$

467. **a)** $a = 4;\ b = 3;\ e = 5$ b) $a = \sqrt{10};\ b = 1;\ e = \sqrt{11}$ c) $a = 6;\ b = 7;\ e = \sqrt{85}$ d) $a = 1;\ b = 1;\ e = \sqrt{2}$

468. Musteraufgabe

469. a) $x^2 - 4y^2 = 100$ c) $9x^2 - 16y^2 = 144$ e) $x^2 - 9y^2 = 144$
b) $4x^2 - 9y^2 = 144$ d) $121{,}66x^2 - 134{,}34y^2 = 1021{,}49$ f) $4x^2 - 21y^2 = 336$

470. a) $e = 3;\ 5x^2 - 4y^2 = 20$ b) $e = 6;\ 3x^2 - y^2 = 27$ c) $e = 8;\ 3x^2 - y^2 = 48$

471. Musteraufgabe

472. **a)** $a = \sqrt{10};\ b = \sqrt{6};\ e = 4$ c) $a = \sqrt{21};\ b = \sqrt{3};\ e = \sqrt{24}$ e) $a = \sqrt{15};\ b = \sqrt{15};\ e = \sqrt{30}$
b) $a = \sqrt{7};\ b = \sqrt{2};\ e = 3$ d) $a = \sqrt{10};\ b = \sqrt{8};\ e = \sqrt{18}$ f) $a = 2{,}5;\ b = \sqrt{50};\ e = 7{,}5$

473. A: Ellipse B: Hyperbel C: keine D: Hyperbel E: Ellipse F: Hyperbel

474. **a)** $(1;\ \infty)$
b) z. B. $3x^2 - y^2 = 27;\ 3x^2 - y^2 = 3;\ 3x^2 - y^2 = 12$

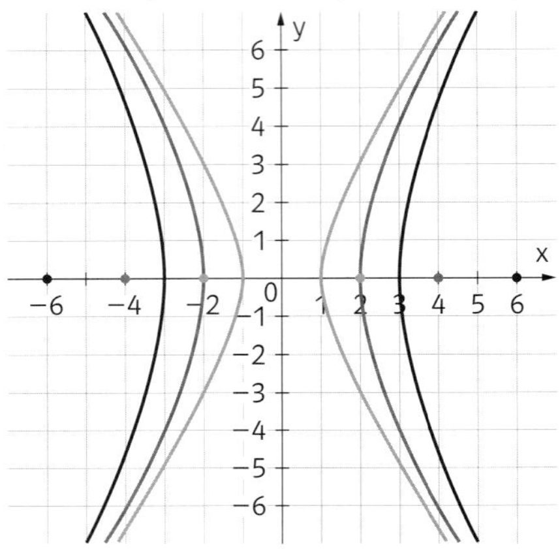

475. **a)** $P \notin hyp;\ Q \in hyp$ b) $P \in hyp;\ Q \in hyp$ c) $P \notin hyp;\ Q \notin hyp$ d) $P \notin hyp;\ Q \in hyp$

476. a) Weil P auf der y-Achse liegt. Eine Hyperbel in 1. HL hat keinen Punkt auf der y-Achse.
b) Der Punkt liegt auf der x-Achse zwischen Hauptscheitel und Ursprung.

477. **a)** nicht möglich b) $x = \mp\sqrt{6}$ c) nicht möglich d) $x = \mp 3{,}57$ e) $y = \mp 2$

478. Einsetzen der Punkte in die Hyperbelgleichung $b^2x^2 - a^2y^2 = a^2b^2$ ergibt immer das gleiche Ergebnis. Wenn einer dieser Punkte die Hyperbel-Gleichung erfüllt, so erfüllen alle anderen auch diese Gleichung.

479. Musteraufgabe

480. **a)** $3x^2 - y^2 = 3$ c) $51{,}92x^2 - 25y^2 = 1298{,}08$ e) nicht möglich
b) $x^2 - y^2 = 1$ d) $x^2 - 3y^2 = 3$ f) $2x^2 - 0{,}67y^2 = 1{,}33$

481. Musteraufgabe

482. **a)** $7x^2 - 9y^2 = 63$ d) $4917{,}13x^2 - 3546{,}87y^2 = 1090026{,}06$
b) $12x^2 - 4y^2 = 3$ e) $582{,}82x^2 - 201{,}18y^2 = 7328{,}17$
c) $3x^2 - 2y^2 = 30$ f) $27042{,}06x^2 - 23133{,}04y^2 = 39099118{,}21$

483. a) Hyperbel = Übertreibung; z. B.: „Warum schaust du also auf den Splitter im Auge deines Bruders, beachtest aber nicht den Balken in deinem eigenen Auge?" (Bibel)

b) „hyperballein" ist Altgriechisch und bedeutet „übertreffen". Was eine Hyperbel „übertrifft" erfährst du in der Onlineergänzung neben dem Beispiel.

484. **a)** $y = \pm\frac{2}{3}x$ **b)** $y = \pm x$ **c)** $y = \pm\frac{1}{3}x$ **d)** $y = \pm 1{,}25x$ **e)** $y = \pm 0{,}6x$ **f)** $y = \pm\frac{10}{9}x$

485. **a)** $y = \pm\frac{2}{3}x$ **b)** $y = \pm\frac{1}{3}x$ **c)** $y = \pm x$ **d)** $y = \pm\frac{1}{2}x$

486. Nein, die Rechnung ist nicht korrekt, weil für die Hyperbel gilt $a = \sqrt{3}$ und $b = \sqrt{\frac{4}{3}}$.

487. z.B.:

a) $x^2 - y^2 = 3$; $x^2 - y^2 = 5$; $x^2 - y^2 = 7$

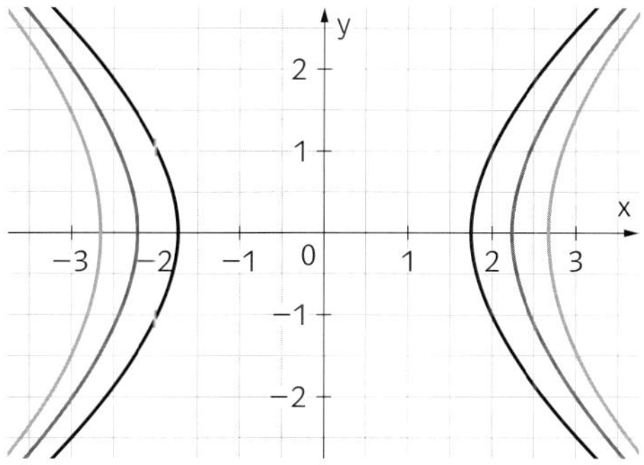

b) $9x^2 - y^2 = 1$; $9x^2 - y^2 = 4$; $9x^2 - y^2 = 8$

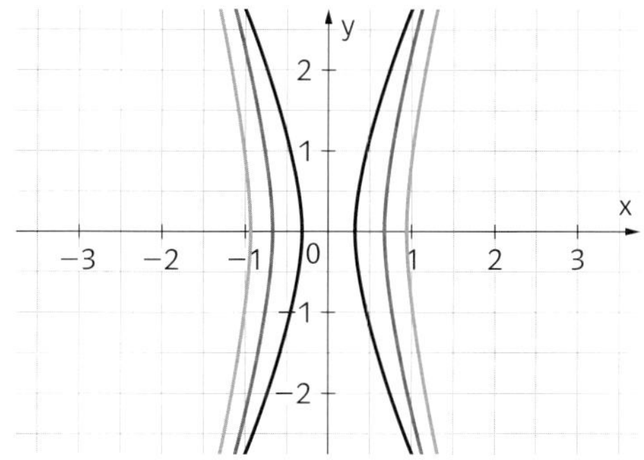

c) $4x^2 - 9y^2 = 0{,}5$; $4x^2 - 9y^2 = 2$; $4x^2 - 9y^2 = 5$

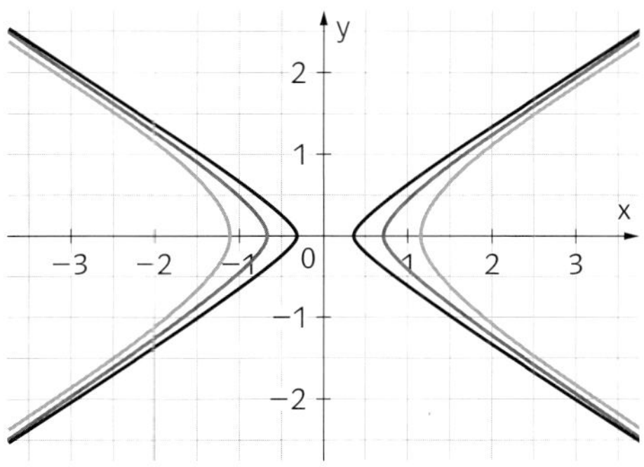

d) $9x^2 - 16y^2 = 0{,}5$; $9x^2 - 16y^2 = 1$; $9x^2 - 16y^2 = 1{,}5$

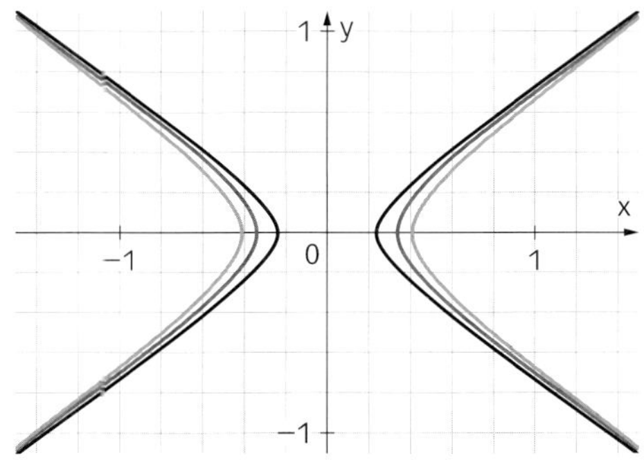

488. Weil nur das Verhältnis der Parameter a und b in die Asymptotengleichung eingeht.

489. A; C

490. **a)** $y^2 = 6x$ **b)** $y^2 = 16x$ **c)** $y^2 = 24x$ **d)** $y^2 = 20x$ **e)** $y^2 = 20x$ **f)** $y^2 = 8x$ **g)** $y^2 = 1{,}33x$

491. **a)** $F = (1{,}5 \mid 0)$ **b)** $F = (1{,}25 \mid 0)$ **c)** $F = (2{,}5 \mid 0)$ **d)** $F = (0{,}25 \mid 0)$

492. **a)** $x = -3$ **b)** $x = -2{,}25$ **c)** $x = -0{,}5$ **d)** $x = -0{,}25$

493. A: 2. HL; $p = 1{,}5$; $y = -0{,}75$
B: 1. HL; $p = 6$; $x = -3$
C: 4. HL; $p = 3$; $y = 1{,}5$
D: 3. HL; $p = 1{,}5$; $x = 0{,}75$
E: 4. HL; $p = 1$; $y = 0{,}5$
F: 3. HL; $p = 4$; $x = 2$

494. Die Parabel wird weiter geöffnet.

495. **a)** $y^2 = 0{,}5x$ **b)** $x^2 = 5y$ **c)** $y^2 = -0{,}1x$ **d)** $x^2 = -4y$

496. **a)** 3. HL; $p = 6$; $y^2 = -12x$
b) 4. HL; $p = 12$; $x^2 = -24y$
c) 2. HL; $p = 16$; $x^2 = 32y$
d) 1. HL; $p = 10$; $y^2 = 20x$
e) 3. HL; $p = 14$; $y^2 = -28x$

497. a) $y^2 = 6x$; $x^2 = 6x$; $y^2 = -6x$; $x^2 = -6y$
b) $y^2 = \pm 16x$; $x^2 = \pm 16y$
c) $y^2 = 1{,}33x$; $x^2 = 4{,}5y$
d) $y^2 = -1{,}33x$; $x^2 = -4{,}5y$
e) $y^2 = 1{,}33x$; $x^2 = -4{,}5y$
f) $x^2 = 4{,}5y$; $y^2 = -1{,}33x$

498. a) $F = (-1{,}5 \mid 0)$ b) $F = (0 \mid 1{,}25)$ c) $F = (-2{,}5 \mid 0)$ d) $F = (0 \mid 0{,}25)$

499. a) $x = -1$ b) $y = -2{,}25$ c) $y = 0{,}75$ d) $x = 1{,}25$

500. a) $y^2 = 12x$ b) $x^2 = 16y$ c) $y^2 = -24x$ d) $x^2 = -32y$

501. a) Wenn der Punkt auf der Parabel die y-Koordinate 1 hat, dann gilt: $1 = 2px \Rightarrow 2p = \frac{1}{x}$
b) 2. HL: Suche den y-Wert des Punktes mit dem x-Wert 1. Nimm den Kehrwert der y-Koordinate und schon kannst du die Gleichung hinschreiben: x^2 = „Kehrwert“ · y.
3. HL: Suche den x-Wert des Punktes mit dem y-Wert 1. Nimm den Kehrwert der x-Koordinate und schon kannst du die Gleichung hinschreiben: y^2 = „Kehrwert“ · x.
4. HL: Suche den y-Wert des Punktes mit dem x-Wert 1. Nimm den Kehrwert der y-Koordinate und schon kannst du die Gleichung hinschreiben: x^2 = „Kehrwert“ · y.

502. a) Parabel = Gleichnis; z. B.: das Höhlengleichnis von Platon, die Ringparabel von Lessing
b) „parabalein“ ist Altgriechisch und bedeutet „gleich werden“. Was bei einer Parabel „gleich wird“ erfährst du in der Onlineergänzung neben dem Beispiel.

503. a) $y = \mp 3$; $x = 27$ b) $y = 0$; $x = 1$ c) $y = \pm\sqrt{7}$; $x = 81$ d) $y = \pm 10$; $x = 0{,}81$

504. individuelle Lösung

505. 1) $(0 \mid 0)$; $(2p \mid 2p)$ 2) Beide Punkte erfüllen die Gleichung.

506. Musteraufgabe

507. a) schneidend; $(-5 \mid 2)$; $(0; 3)$
b) schneidend; $(0 \mid 6)$; $(10 \mid 0)$
c) Passante
d) schneidend; $(-1 \mid 1)$; $(1 \mid 1)$
e) schneidend; $(3 \mid 0)$; $(2 \mid 1)$
f) Tangente; $(1 \mid 1)$

508. Musteraufgabe

509. a) $(6{,}28 \mid -0{,}43)$; $(-3{,}78 \mid 2{,}93)$
b) $(0 \mid 1)$; $(-2 \mid 0)$
c) $(-5 \mid 4)$
d) Passante; keine gemeinsamen Punkte

510. a) Passante; keine gemeinsamen Punkte b) $(1 \mid 1{,}91)$; $(1 \mid -1{,}91)$ c) $(0{,}61 \mid 2{,}39)$; $(2{,}82 \mid 0{,}18)$

511. a) $(-1{,}22 \mid -1{,}22)$; $(1{,}22 \mid 1{,}22)$; $(-1{,}22 \mid 1{,}22)$; $(1{,}22 \mid -1{,}22)$
b) $(-1{,}41 \mid -1{,}41)$; $(1{,}41 \mid 1{,}41)$; $(-1{,}41 \mid 1{,}41)$; $(1{,}41 \mid -1{,}41)$
c) $(-1{,}25 \mid -1{,}25)$; $(1{,}25 \mid 1{,}25)$; $(-1{,}25 \mid 1{,}25)$; $(1{,}25 \mid -1{,}25)$

512. Musteraufgabe

513. a) Tangente; $(1 \mid -1)$
b) schneidend; $(-5{,}24 \mid 3$; $(5{,}24 \mid 3)$
c) schneidend mit einem Schnittpunkt; $(-7{,}5 \mid 2)$
d) schneidend; $(-25{,}13 \mid -16{,}67)$; $(-4{,}02 \mid 2{,}10)$

514. Musteraufgabe

515. a) Passante
b) Tangente; $(4 \mid 2)$
c) Sekante mit einem Schnittpunkt; $(0{,}5 \mid 1)$
d) schneidend; $(12 \mid 6)$; $(3 \mid 3)$
e) Tangente; $(10 \mid 5)$
f) schneidend; $(14{,}93 \mid -10{,}93)$; $(1{,}07 \mid 2{,}93)$

516. a) schneidend; $(-3{,}33 \mid 2{,}78)$; $(2 \mid 1)$ b) Passante c) schneidend; $(-23{,}57 \mid -10{,}86)$; $(-4{,}24 \mid 4{,}61)$

517. Musteraufgabe

518. a) schneidend: $(-5{,}24 \mid -2{,}74)$; $(5{,}24 \mid 2{,}74)$; $(-5{,}24 \mid 2{,}74)$; $(5{,}24 \mid -2{,}74)$
b) schneidend: $(3{,}82 \mid -3{,}91)$; $(3{,}82 \mid 3{,}91)$

519. Musteraufgabe

520. a) $6x+5y=17$ b) $-10x+9y=29$ c) $-2x+7y=9$

521. a) $x=2{,}24$; $x=-2{,}24$; $y=1{,}41$; $y=-1{,}41$
b) $x=-4{,}24$; $x=4{,}24$; $y=3$; $y=-3$
c) $x=-2{,}45$; $x=2{,}45$; $y=2$; $y=-2$
d) $x=-3$; $x=3$; $y=1$; $y=-1$

522. Wenn die Gerade durch den Ellipsenmittelpunkt geht.
Wenn die Gerade parallel zur x- oder y-Achse verläuft

523. a) g: 77,47°; h: 63,43°; l: 26,56° b) g: Tangente, 0°, h: 33,69°; l: 56,31°

524. a) $\alpha=63{,}43°$ b) $\alpha=62{,}08°$ c) $\alpha=50{,}77°$ d) $\alpha=46{,}69°$

525. Der Querschnitt eines Gewölbes entspricht einer Ellipse. Flüstert man in einem Brennpunkt dieser Ellipse, so werde die Schallwellen am Gewölbe zum anderen Brennpunkt reflektiert. Dort treffen alle reflektierten Schallwellen wieder zusammen. Es kommt an dieser Stelle zu einer Verstärkung.

526. a) Die Lichtstrahlen, die von einem Brennpunkt ausgehen und am Speigel reflektiert werden, werden alle im anderen Brennpunkt gesammelt. Dort kommt es zu einer Verstärkung des Lichtes.
b) Man könnte damit das Licht (oder andere elektromagnetische Wellen) an einem Punkt fokussieren. Anwendung: Zahnarztlampe, Zertrümmerung von Tumoren oder Nierensteinen

527. Musteraufgabe

528. a) $y=-2x-2$ b) $y=-0{,}72x-0{,}25$ c) $y=-0{,}76x-0{,}39$ d) $y=0{,}85x-0{,}88$ e) $y=-0{,}57x-0{,}43$ f) $y=-0{,}75x-0{,}25$

529. Musteraufgabe

530. a) $y=0{,}25x+0{,}5$ b) $y=0{,}25x+3$ c) $y=0{,}33x-3$ d) $y=-0{,}25x-2{,}5$

531. a) $y=2x-1$ b) $y=-3x+9$ c) $y=-0{,}25x+3$

532. a) $\alpha=14{,}04°$ b) $\alpha=26{,}56°$

533. Von einem Parabolspiegel werden alle Strahlen, die parallel zu seiner Achse eintreffen im Brennpunkt gesammelt.
Anwendung: Satellitenempfänger, Solarkocher

534. Von einem Parabolspiegel werden alle Strahlen, die aus dem Brennpunkt kommen, achsenparallel weitergeleitet. Die Lampe des Fernlichtes befindet sich im Brennpunkt und die Strahlen der Lampe werden alle in eine Richtung reflektiert.

535. Schallwellen, die aus einem Brennpunkt des Parabolspiegels kommen, werden achsenparallel reflektiert und von einem zweiten Parabolspiegel wieder in dessen Brennpunkt gesammelt. Dort werden also im Brennpunkt die ausgesandten Töne verstärkt.

536. Musteraufgabe

537. a) 75,33° b) 70,62° c) 66,34° d) 75,89° e) 0° f) 90°; 35,05°

538. a) $a=57{,}8\cdot10^6\,\text{km}$; $e=45{,}9\cdot10^6\,\text{km}$
b) m ist die Länge der großen Halbachse der Ellipse.
c) ε muss im Intervall [0; 1) liegen. Je kleiner ε ist, desto kreisförmiger ist die Ellipse.
d) $\approx 30\,\text{km/s}$
e) $\pi\cdot a^2\cdot\sqrt{1-\varepsilon^2}=\pi\cdot a^2\cdot\sqrt{1-\left(\frac{e}{a}\right)^2}=\pi\cdot a^2\cdot\sqrt{\frac{a^2-e^2}{a^2}}=\pi\cdot a^2\cdot\sqrt{\frac{b^2}{a^2}}=\pi\cdot a^2\cdot\frac{b}{a}=\pi\cdot a\cdot b$

539.–549. Selbstkontrolle (Lösungen im Schulbuch)

6 Parameterdarstellung von Kurven

Kapitel 6
344iv8

550. **a)** 1) explizit: $g(x) = \frac{2}{7}x + 2$; implizit: $-2x + 7y = 14$; Parameterdarstellung: $X = \begin{pmatrix} 0 \\ 2 \end{pmatrix} + s\begin{pmatrix} 7 \\ 2 \end{pmatrix}$
2) $y = -0{,}29$
3) Q liegt nicht auf g
4) z. B. $R = (0\,|\,2)$

b) 1) explizit: $h(x) = -\frac{2}{3}x + 3$; implizit: $2x + 3y = 9$; Parameterdarstellung: $X = \begin{pmatrix} 0 \\ 3 \end{pmatrix} + s\begin{pmatrix} 3 \\ -2 \end{pmatrix}$
2) $y = 8{,}33$
3) Q liegt nicht auf h
4) z. B. $R = (0\,|\,3)$

551. selbstgewählte Lösungen

552. Sie sind nicht Graphen von Funktionen

553. richtig sind:
A: weil eine Gerade die Dimension 1 und eine Ebene die Dimension 2 hat; $2x + y = 1$
B: weil die Ebene die Dimension 2 und der Raum die Dimension 3 hat; $2x + y + 3z = 1$
E: weil ein Punkt die Dimension 0 und eine Gerade die Dimension 1 hat; z. B. $x = 1$ auf der x-Achse
G: weil ein Raum die Dimension 3 und die vierte Dimension die Dimension 4 hat.
$2x + 3y + z + 2v = 2$

554. **a)** k: $X = \begin{pmatrix} 4\cos(t) \\ 4\sin(t) \end{pmatrix}$; $t \in [0;\, 2\pi]$

b) k: $X = \begin{pmatrix} \cos(t) \\ \sin(t) \end{pmatrix}$; $t \in [0;\, 2\pi]$

c) k: $X = \begin{pmatrix} 100\cos(t) \\ 100\sin(t) \end{pmatrix}$; $t \in [0;\, 2\pi]$

d) k: $X = \begin{pmatrix} 0{,}4\cos(t) \\ 0{,}4\sin(t) \end{pmatrix}$; $t \in [0;\, 2\pi]$

e) k: $X = \begin{pmatrix} 7\cos(t) \\ 7\sin(t) \end{pmatrix}$; $t \in [0;\, 2\pi]$

f) k: $X = \begin{pmatrix} a\cos(t) \\ a\sin(t) \end{pmatrix}$; $t \in [0;\, 2\pi]$

555. **a)** $r = 7$; $x^2 + y^2 = 49$ **b)** $r = 1$; $x^2 + y^2 = 1$ **c)** $r = 9$; $x^2 + y^2 = 81$ **d)** $r = 0{,}5$; $x^2 + y^2 = 0{,}25$

556. **a)** $P_1 = (1\,|\,0)$; $P_2 = (0\,|\,1)$; $P_3 = (-1\,|\,0)$ **b)** $P_1 = (0\,|\,4)$; $P_2 = (0\,|\,4)$; $P_3 = (2{,}16\,|\,3{,}37)$

557. Die Veränderung der Definitionsmenge bewirkt, dass nur ein Teil der Kreislinie beschrieben wird.

a) 1)

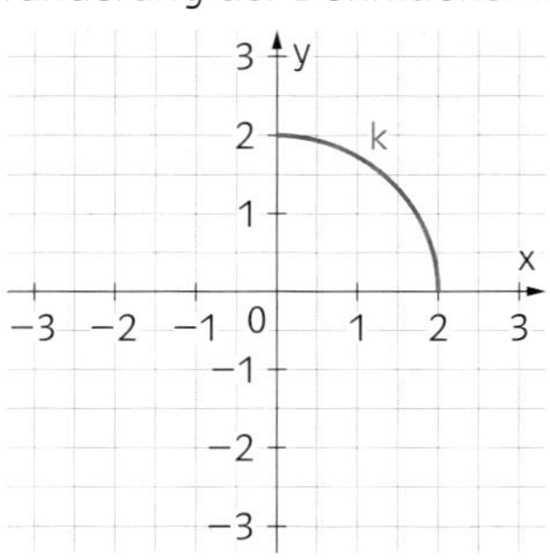

2)

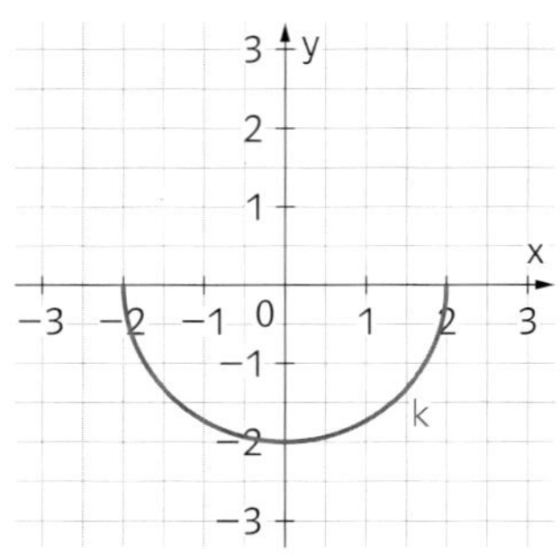

b) 1)

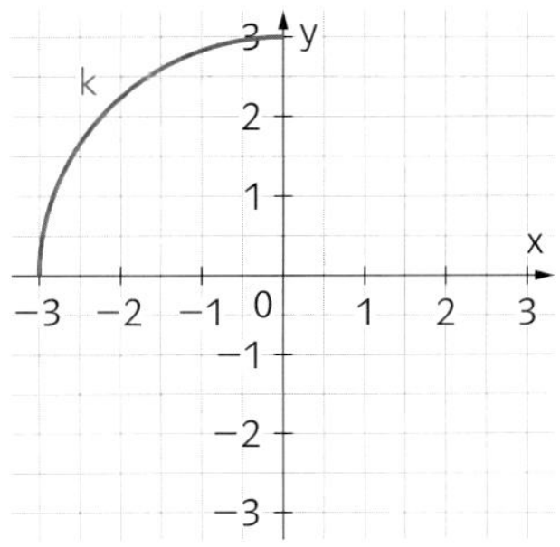

2)

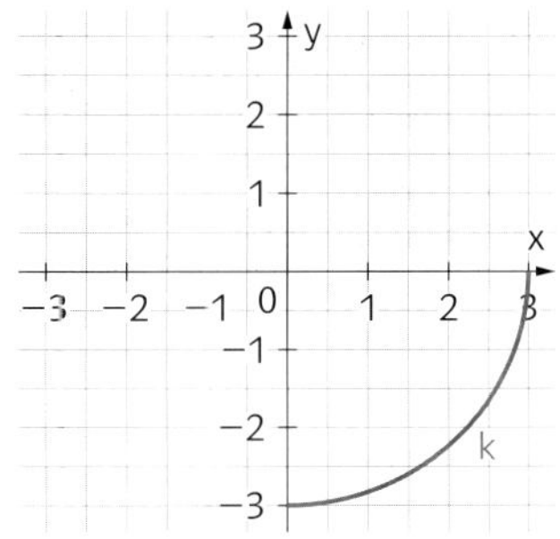

c) 1)

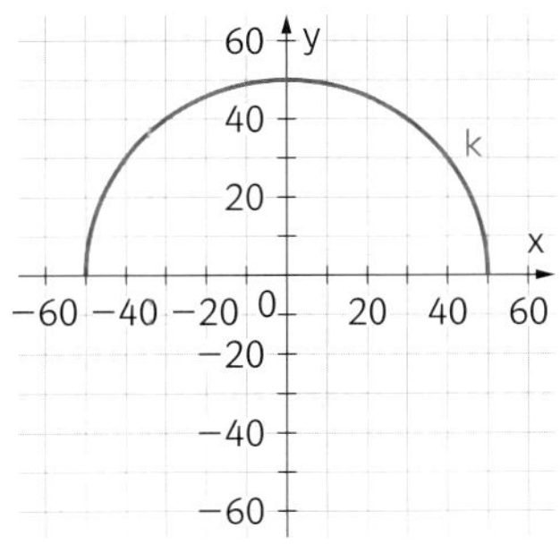

2)

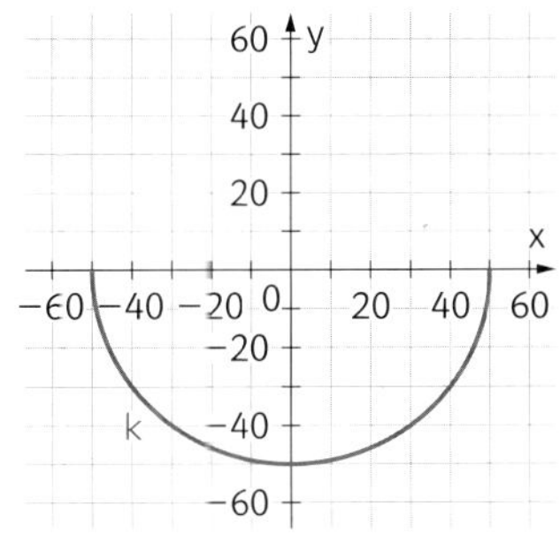

d) 1)

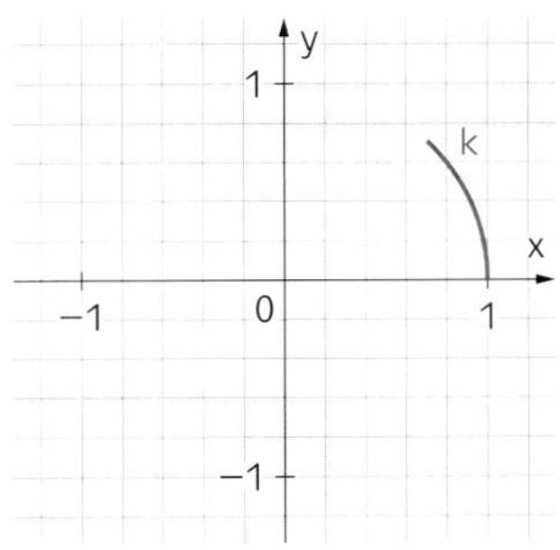

2)

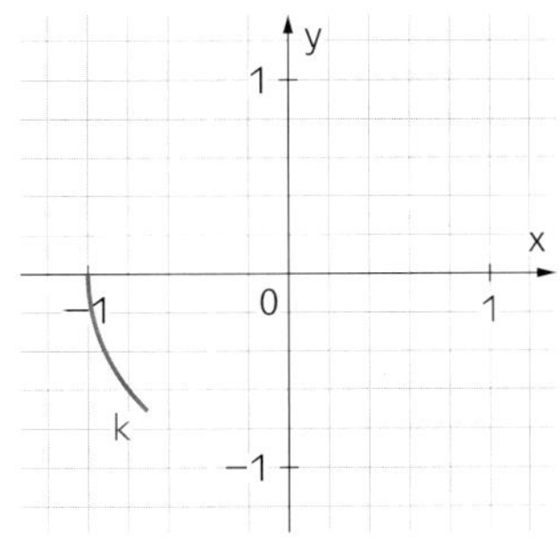

558. **a)** k: $X = (3\cos(t) \mid 3\sin(t));\ t \in [0;\ \pi/2]$
b) k: $X = (5\cos(t) \mid 5\sin(t));\ t \in [\pi/2;\ 3\pi/2]$
c) k: $X = (1{,}5\cos(t) \mid 1{,}5\sin(t));\ t \in [\pi/4;\ \pi]$

559. Die Koordinaten erfüllen die Kreisgleichung.

560. **a)** 1) r = 8 m 2) 5 s; 3 volle Kreise 3) 10,05 m/s = 36,19 km/h 4) $X = \left(10\cos\left(t\frac{2\pi}{8}\right) \middle| 10\sin\left(t\frac{2\pi}{8}\right)\right)$

b) 1) r = 1 m 2) 10 s, 2 volle Kreise 3) 0,63 m/s; 2,26 km/h 4) $X = \left(10\cos\left(t\frac{2\pi}{8}\right) \middle| 10\sin\left(t\frac{2\pi}{8}\right)\right)$

561. **a)** k: $X = (2 + 3\cos(t) \mid 5 + 3\sin(t));\ t \in [0;\ 2\pi]$
b) k: $X = (-3 + \cos(t) \mid 2 + \sin(t));\ t \in [0;\ 2\pi]$
c) k: $X = (50\cos(t) \mid 50 + 50\sin(t));\ t \in [0;\ 2\pi]$
d) k: $X = (1 + 0{,}1\cos(t) \mid 1 + 0{,}1\sin(t));\ t \in [0;\ 2\pi]$

562. **a)** k: $X = (4 + 5\cos(t) \mid 5\sin(t));\ t \in [0;\ 2\pi]$
b) k: $X = (-1 + 2\cos(t) \mid -2 + 2\sin(t));\ t \in [0;\ 2\pi]$
c) k: $X = (4\cos(t) \mid -4 + 4\sin(t));\ t \in [0;\ 2\pi]$

563. Die Koordinaten erfüllen die Kreisgleichung.

564. **a)** ell: $X = (3\cos(t) \mid 2\sin(t));\ t \in [0;\ 2\pi]$
b) ell: $X = (\sqrt{10}\cos(t) \mid \sin(t));\ t \in [0;\ 2\pi]$
c) ell: $X = (5\cos(t) \mid 3\sin(t));\ t \in [0;\ 2\pi]$
d) ell: $X = (\sqrt{12}\cos(t) \mid 2\sin(t));\ t \in [0;\ 2\pi]$
e) ell: $X = (6\cos(t) \mid 4\sin(t));\ t \in [0;\ 2\pi]$
f) ell: $X = (\sqrt{10}\cos(t) \mid \sqrt{6}\sin(t));\ t \in [0;\ 2\pi]$

565. Die Kurve mit dem größeren Betrag des Faktors vor t, beschreibt eine schnellere Bewegung
a) k_2 schneller **b)** k_2 schneller **c)** k_2 schneller **d)** gleich schnell

566. **a)** 1)

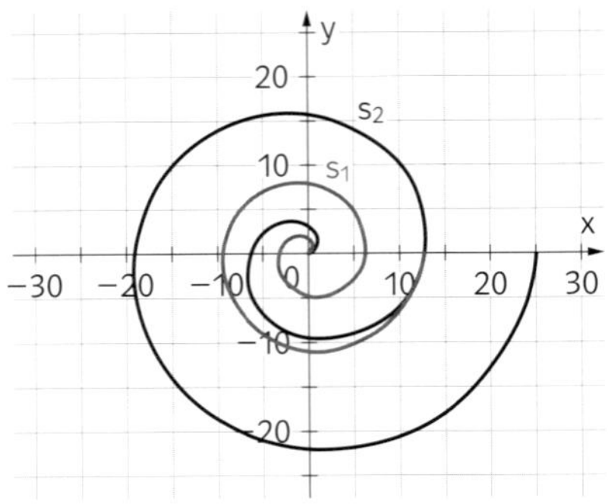

2) der Radius von s_2 nimmt schneller zu
3) durch den Faktor 2

b) 1)

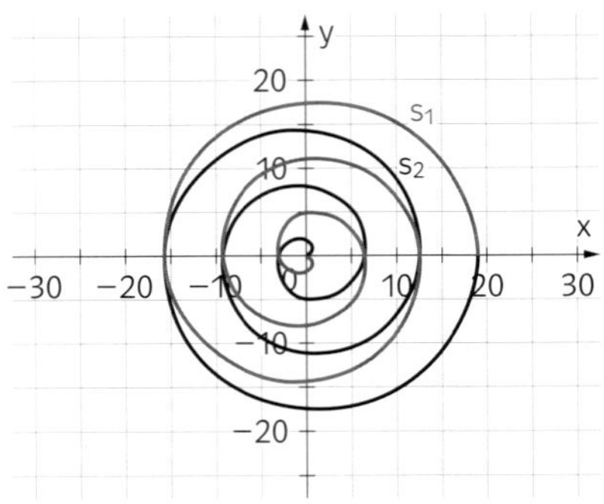

2) drehen sich in entgegengesetzte Richtungen
3) durch das Vorzeichen in sin und cos

c) 1)

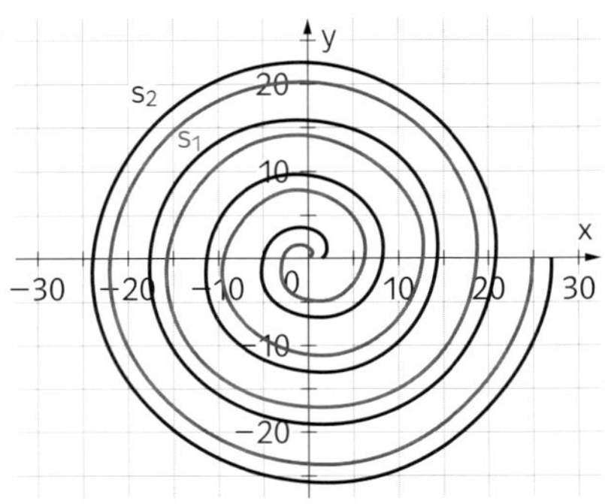

2) die Spiralen haben den Abstand 2
3) durch +2 vor dem Radius

d) 1)

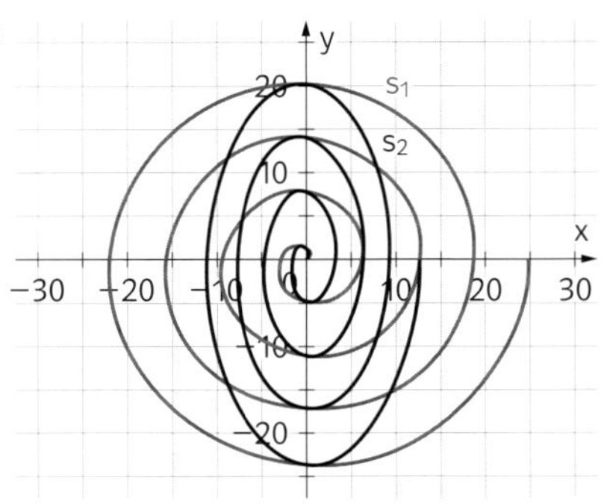

2) beide Spiralen machen 4 Umdrehungen, s_2 hat elliptische Form;
3) die beiden Radien bei s_2 sind unterschiedlich

567. **a)** 1)

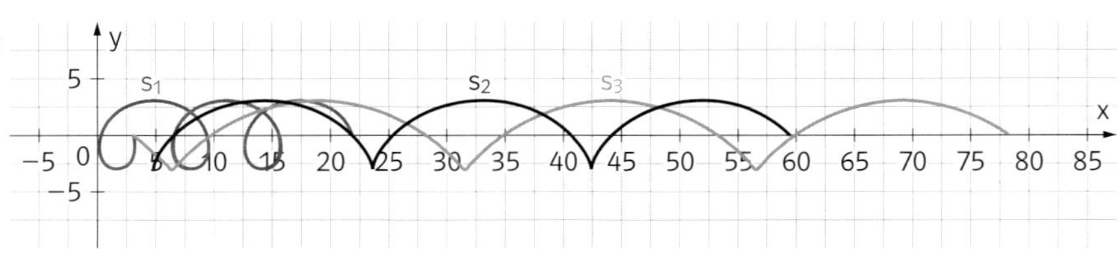

2) Die Zykloiden werden auseinadergezogen
3) Die Mittelpunkte der rollenden Kreise wandern unterschiedlich schnell.

b) 1)

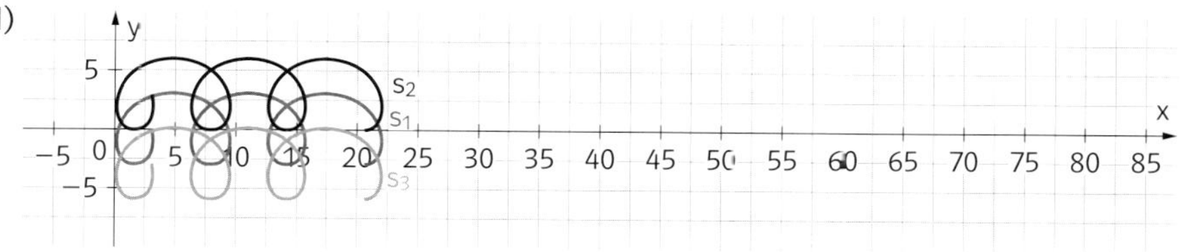

2) Die Zykloiden sind parallel zur y-Achse verschoben

3) Die Mittelpunkte der rollenden Kreise werden entlang der y-Achse verschoben

c) 1)

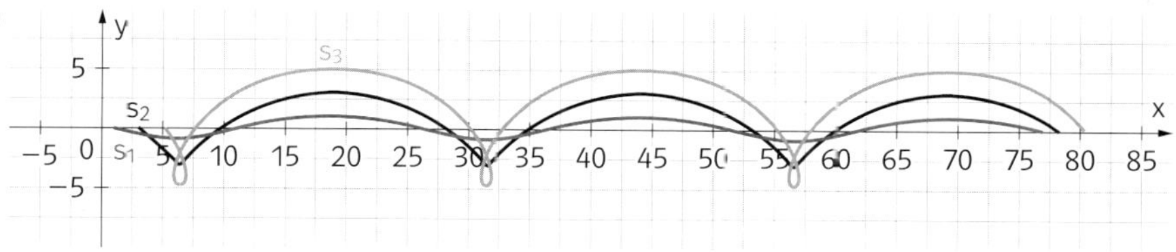

2) Die Zykloiden sind unterschiedlich „breit“.

3) Der Kreisradius des rollenden Kreises ist bei den Zykloiden unterschiedlich

568. **a)** 1)

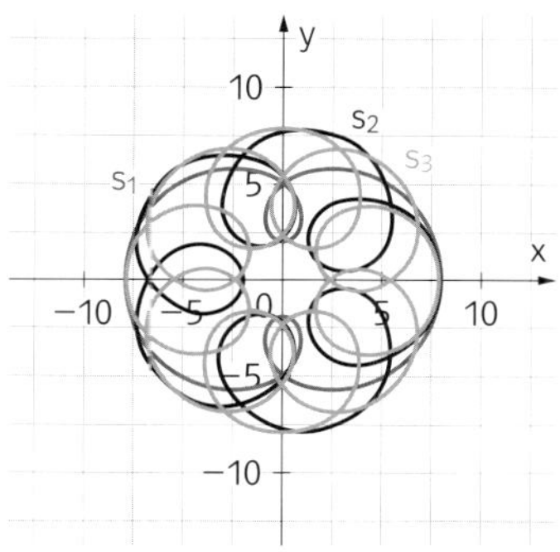

2) Da die drei Epizyklen sich verschieden schnell drehen, unterscheiden sich die Epizykloiden in der Anzahl der Schlingen.

b) 1)

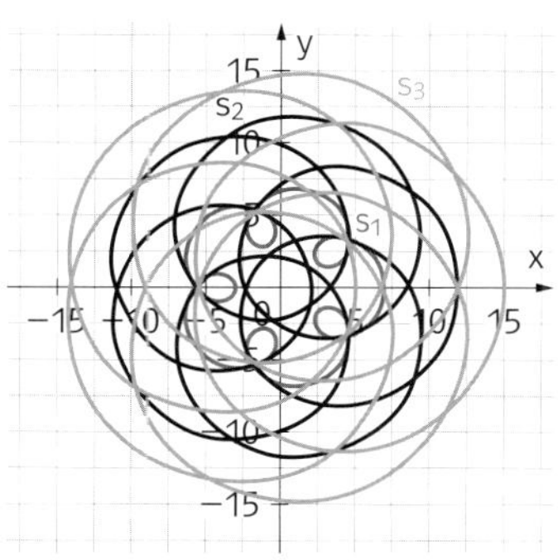

2) Da die Epizyklen verschiedene Radien haben, haben die Epizykloiden verschieden große Schlingen.

c) 1)

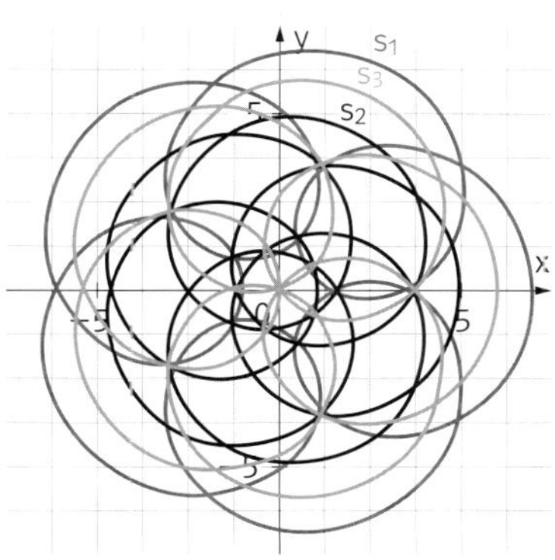

2) Da die Deferenten unterschiedliche Radien haben, ändern sich die Radien der Epizykloiden.

569. **a)** Beide Behauptungen stimmen.
b) r ändert den Durchmesser der Rose.

570. **a)** Die Radien der Kreise in der xy-Ebene werden größer.
b) Die Kreise werden paralle zur z-Achse verschoben.
c) k_1 und k_2 sind gleich, k_3 ist nur ein Halbkreis.

571. **a)** Die Schraubenlinien werden länger. Sie haben verschiedene Anzahl von Umdrehungen.
b) Die Schraubenlinien werden länger. Sie haben verschiedene Anzahl von Umdrehungen.

572. s_2 ist länger als s_1 und s_3 wandert nicht so schnell nach oben.

573. $V_1 = 141{,}37$; $V_2 = 1539{,}38$

574. b ist die Wendelbreite; a beeinflusst den Abstand zur Mittellinie der Wendel, je größer n desto mehr Windungen macht die Wendel in einem bestimmten Abschnitt.

575. **a)** B, D
b) $\vec{v} = \begin{pmatrix} r \cdot \cos\left(t + \frac{\pi}{2}\right) \\ r \cdot \left(-\sin\left(t + \frac{\pi}{2}\right)\right) \end{pmatrix}$; $\vec{r} \cdot \vec{v} = \begin{pmatrix} r \cdot \sin\left(t + \frac{\pi}{2}\right) \\ r \cdot \cos\left(t + \frac{\pi}{2}\right) \end{pmatrix} \cdot \begin{pmatrix} r \cdot \cos\left(t + \frac{\pi}{2}\right) \\ r \cdot \left(-\sin\left(t + \frac{\pi}{2}\right)\right) \end{pmatrix} = 0$

$|\vec{v}| = \left|\begin{pmatrix} r \cdot \cos\left(t + \frac{\pi}{2}\right) \\ r \cdot \left(-\sin\left(t + \frac{\pi}{2}\right)\right) \end{pmatrix}\right|$ ist konstant

$\vec{a} = \begin{pmatrix} r \cdot \left(-\sin\left(t + \frac{\pi}{2}\right)\right) \\ r \cdot \left(-\cos\left(t + \frac{\pi}{2}\right)\right) \end{pmatrix}$ inverser Vektor zu $\vec{r}$

c) Er schwingt um den Ursprung entlang der y-Achse von $-r$ bis r.

576. **a)** Abstand $= \sqrt{50}$
b) Die beiden Körper können sich nur im Ursprung treffen.

Körper M ist zu den Zeitpunkten $t = \frac{\pi}{4}; \frac{3\pi}{4}; \frac{5\pi}{4}$ und $\frac{7\pi}{4}$ im Ursprung

Körper K ist zu den Zeitpunkten $t = \frac{\pi}{2}; \frac{3\pi}{2}$ im Ursprung.

Sie treffen sich also nicht.

c) $\frac{10}{\pi}$

d) g

577.–581. Selbstkontrolle (Lösungen im Schulbuch)

7 Ableitung weiterer Funktionen

Kapitel 7
z9j9kp

582. Musteraufgabe

583. a) $f'(x) = -24x^7 + 9x^2$ b) $f'(x) = -98x^6 + 30x^4$ c) $f'(t) = -105t^4 - 28t^3 - 18t^2 - 4t$ d) $f'(s) = -45s^4 - 24s^3 - 9s^2 - 4s$ e) $f'(x) = 54x^8 - 48x^7 - 18x^5 + 15x^4$ f) $f'(g) = -18g^5 + 15g^4 - 4g + 2$

584. a) -2457 b) 12636 c) -29160 d) 123

585. 1) $f = u \cdot v \cdot w = (u \cdot v) \cdot w$

$f' = (u \cdot v)' \cdot w + (u \cdot v) \cdot w' = (u' \cdot v + u \cdot v') \cdot w + u \cdot v \cdot w'$

$f' = u'v \cdot w + u \cdot v' \cdot w + u \cdot v \cdot w'$

2) a) $f'(x) = 28x^6 - 48x^5$

b) $f'(x) = 176x^{10} - 40x^9 - 28x^6 + 6x^5$

c) $f'(x) = -16x^7 + 102x^5 - 164x^3 + 60x$

d) $f'(x) = 14x^6 - 24x^5 - 25x^4 + 104x^3 - 96x^2 - 80x + 80$

586. 1) $f(x) = x^2$ $f'(x) = 2x$

2) $g(x) = x^3$ $h(x) = x$ $f'(x) = \frac{3x^2}{1} = 3x^2$ Diese Rechnung ist daher falsch.

587. Musteraufgabe

588. a) $f'(x) = 3x^2$ b) $f'(x) = 3x^2$ c) $f'(x) = \frac{6}{7}x^2$ d) $f'(x) = -6x^5$ e) $f'(x) = 9$

589. a) $f'(x) = \frac{-10}{x^6}$ b) $f'(x) = \frac{12}{x^5}$ c) $f'(x) = \frac{36}{x^4}$ d) $f'(x) = \frac{16}{x^9}$ e) $f'(x) = \frac{-15}{x^6}$

590. a) $f'(x) = \frac{5}{4x^2 - 4x + 1}$ b) $f'(x) = \frac{3x^2 - 12x}{2x^2 - 8x + 8}$ c) $f'(x) = \frac{-22x}{9x^4 - 6x^2 + 1}$ d) $f'(x) = \frac{-5x^2 - 6x - 10}{x^4 - 4x^2 + 4}$ e) $f'(x) = \frac{2x^2 - 4x + 8}{x^2 - 2x + 1}$ f) $f'(x) = \frac{-15x^2 + 10x + 1}{9x^2 - 6x + 1}$ g) $f'(x) = \frac{-3x^2 + 2x + 2}{9x^2 - 6x + 1}$ h) $f'(x) = \frac{-12x^2 - 16x + 6}{9x^2 + 12x + 4}$

591. a) $t(x) = -2x + 6$ b) $t(x) = -\frac{2}{9}x - \frac{1}{18}$ c) $t(x) = -\frac{4}{5}x + \frac{9}{5}$ d) $t(x) = -\frac{1}{24}x - \frac{3}{8}$ e) $t(x) = \frac{23}{256}x - \frac{67}{256}$ f) $t(x) = \frac{14}{75}x - \frac{4}{25}$

592. a) $P_1 = (1|1)$ $P_2 = \left(\frac{11}{3}\middle|-1\right)$ b) $P_1 = (1|-1)$ $P_2 = (3|17)$ c) $P_1 = (1|-2)$ $P_2 = \left(\frac{5}{3}\middle|\frac{22}{3}\right)$

593. a) $f'(x) = \lim\limits_{z \to x} \frac{f(z) - f(x)}{z - x} = \lim\limits_{z \to x} \frac{\frac{g(z)}{h(z)} - \frac{g(x)}{h(x)}}{z - x} = \lim\limits_{z \to x} \frac{\frac{g(z) \cdot h(x) - g(x) \cdot h(z)}{h(z) \cdot h(x)}}{z - x} = \lim\limits_{z \to x} \frac{g(z) \cdot h(x) - g(x) \cdot h(z)}{(z - x) \cdot h(z) \cdot h(x)}$

b) Dieser Schritt ist zulässig, da der Wert 0 addiert wird:

$f'(x) = \lim\limits_{z \to x} \frac{g(z) \cdot h(x) - g(x) \cdot h(x) + g(x) \cdot h(x) - g(x) \cdot h(z)}{(z - x) \cdot h(z) \cdot h(x)}$

c) $f'(x) = \lim\limits_{z \to x} \frac{h(x) \cdot (g(z) - g(x)) - g(x) \cdot (h(z) - h(x))}{(z - x) \cdot h(z) \cdot h(x)} = \lim\limits_{z \to x} \frac{h(x) \cdot (g(z) - g(x))}{(z - x) \cdot h(z) \cdot h(x)} - \lim\limits_{z \to x} \frac{g(x) \cdot (h(z) - h(x))}{(z - x) \cdot h(z) \cdot h(x)} =$

$= \frac{g'(x) \cdot h(x) - g(x) \cdot h'(x)}{(h(x))^2}$

594. Musteraufgabe

595. a) $f'(x) = 64x^3$ c) $f'(x) = 162x^5$ e) $f'(x) = \frac{160}{243}x^4$ f) $f'(x) = 5\pi^5x^4$

b) $f'(x) = 18x$ d) $f'(x) = 128x^7$ f) $f'(x) = -\frac{81}{64}x^2$ g) $f'(x) = 2048x^7$

596. a) z. B. Produktregel, Konstantenregel $f'(x) = 90x^4$

b) z. B. Produktregel, Konstantenregel $f'(x) = 640x^4$

c) z. B. Quotientenregel, Konstantenregel $f'(x) = \frac{27x^3 - 81x^2}{x^2 - 4x + 4}$

d) z. B. Quotientenregel, Konstantenregel $f'(x) = \frac{-150x}{4x^4 - 12x^2 + 9}$

597. (1) $f(t) = h(r \cdot t), r \in \mathbb{R}$ (2) $f'(t) = r \cdot h'(r \cdot t), r \in \mathbb{R}$

598. Musteraufgabe

599. a) $f'(x) = 36x^3 - 12x$ d) $f'(x) = 4x^3 - 18x^2 + 18x$

b) $f'(x) = 24x^5 + 12x^2$ e) $f'(x) = 6x^5 - 30x^4 + 48x^3 - 24x^2$

c) $f'(x) = 54x^5 - 48x^3 + 8x$ f) $f'(x) = -243x^8 + 378x^6 - 180x^4 + 24x^2$

600. a) $f'(x) = 42x \cdot (3x^2 - 4)^6$

b) $f'(x) = 3 \cdot (3x^6 - 2x^2)^2 \cdot (18x^5 - 4x)$

c) $f'(x) = 11 \cdot (-2x^3 + 12x)^{10} \cdot (-6x^2 + 12)$

d) $f'(x) = 9 \cdot (-2x + 3x^2)^8 \cdot (-2 + 6x)$

e) $f'(x) = 5 \cdot (2x^4 + 3x^5)^4 \cdot (8x^3 + 15x^4)$

f) $f'(x) = 13 \cdot (-x^6 + 2x^3)^{12} \cdot (-6x^5 + 6x^2)$

601. z. B. Produktregel, Kettenregel

a) $f'(x) = 12x^2 - 8x - 15$

b) $f'(x) = 16x \cdot (2x^2 + 1)^3$

c) $f'(x) = -756x^6 + 486x^5 + 540x^4 - 324x^3 - 108x^2 + 54x + 4$

d) $f'(x) = -11x^{10} - 9x^8 - 24x^7 - 18x^5 - 15x^4 - 9x^2 - 2x$

602. a) $f'(x) = \frac{12x^3 - 84x^2 + 141x - 63}{(3x - 7)^3}$

b) $f'(x) = \frac{432x^5 - 1416x^4 + 1072x^3 - 288x^2 + 24x}{(2x - 3)^3}$

c) $f'(x) = \frac{-36x^2 - 108x - 81}{x^4}$

603. a) $-\frac{k}{3}$ bzw. $-\frac{k}{15}$ bar/dm^3

Vergrößert man den Druck von 1 dm^3 auf 3 dm^3, so nimmt der Druck im Mittel um $-\frac{k}{3}$ bar/dm^3 ab.

Vergrößert man den Druck von 3 dm^3 auf 5 dm^3, so nimmt der Druck im Mittel um $-\frac{k}{15}$ bar/dm^3 ab.

b) $-\frac{k}{100}$ bar/dm^3

Die momentane Änderungsrate des Drucks bei einem Volumen von 10 dm^3 ist $-\frac{k}{100}$ bar/dm^3.

604. Die momentane Beschleunigung zum Zeitpunkt $t = 12$ s ist $-\frac{r}{144}$ m/s^2.

605. a) $y' = -\frac{x}{y}$ c) $y' = -\frac{2x}{9y^2}$ e) $y' = \frac{-32x + 1}{6y}$

b) $y' = \frac{3x}{2y}$ d) $y' = \frac{-2x + 3}{16y^3}$ f) $y' = \frac{23x + 1}{y}$

606. **a)** $y' = -\frac{y}{x}$ **b)** $y' = -\frac{2y}{x}$ **c)** $y' = \frac{-15x^2y}{5x^3+6y^2}$ **d)** $y' = \frac{-4xy+1}{2x^2-9y^2}$ **e)** $y' = \frac{-6xy}{3x^2+2}$ **f)** $y' = \frac{-9x^2y^2}{6x^3y-2}$

607. **a)**

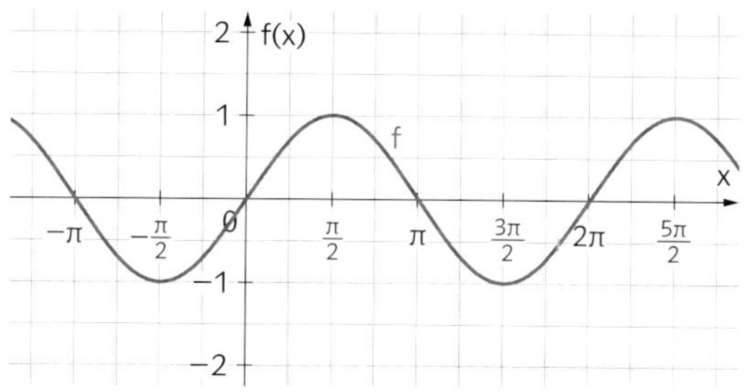

Nullstellen bei $x = k \cdot \pi, k \in \mathbb{Z}$ Extremstellen bei $x = \frac{\pi}{2} + k \cdot \pi, k \in \mathbb{Z}$ kleinste Periode: 2π

b)

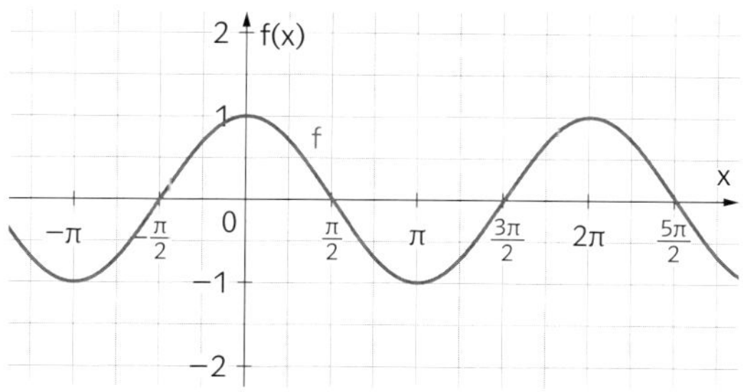

Nullstellen bei $x = \frac{\pi}{2} + k \cdot \pi, k \in \mathbb{Z}$ Extremstellen bei $x = k \cdot \pi, k \in \mathbb{Z}$ kleinste Periode: 2π

608. **a)** 1) $f(x) = \sin(x)$

2)

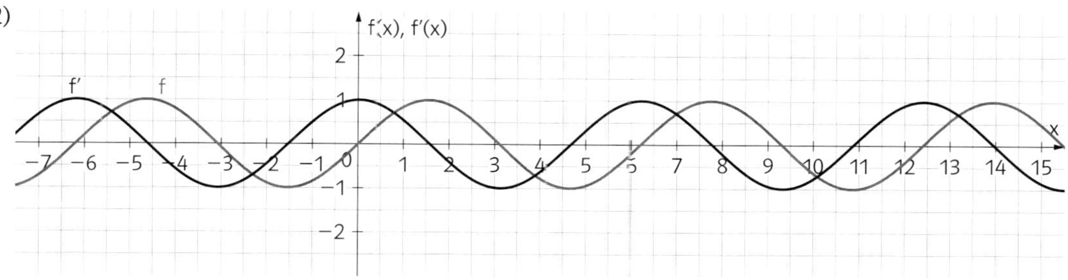

Vermutung $f'(x) = \cos(x)$

b) 1) $f(x) = \cos(x)$

2)

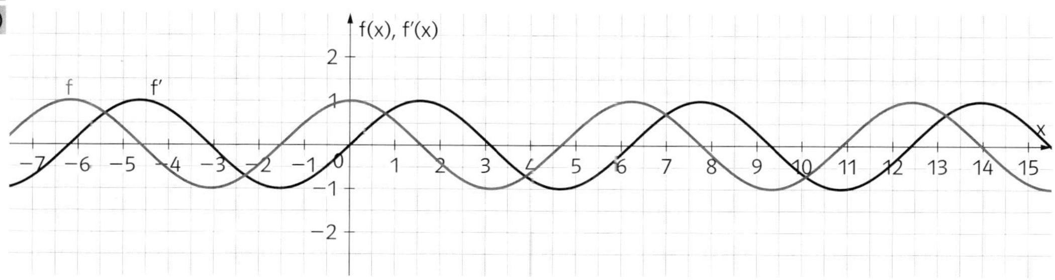

Vermutung $f'(x) = -\sin(x)$

609. Musteraufgabe

610. **a)** $f'(x) = -3\cos(x)$ **b)** $f'(x) = -3\sin(x)$ **c)** $f'(x) = 2\cos(x) + 3\sin(x)$ **d)** $f'(x) = -2\cos(x) - 4\sin(x)$ **e)** $f'(x) = 12\cos(x) + 5\sin(x)$ **f)** $f'(x) = -4\cos(x) + \sin(x)$

611. 1F, 2C, 3B, 4A

612. a) $t(x) = -2x + 2\pi$ b) $t(x) = -9x + 9\pi$ c) $t(x) = -25x + 25\pi$ d) $t(x) = 3$ e) $t(x) = -4x + 4\pi$ f) $t(x) = 1$

613. a) $f'(x) = 6x \cdot \cos(3x^2)$ b) $f'(x) = 4x \cdot \sin(-2x^2 + 4)$ c) $f'(x) = 5 \cdot \cos(5x)$ d) $f'(x) = -(18x^2 - 9) \cdot \sin(2x^3 - 3x) + 3 \cdot \cos(3x)$ e) $f'(x) = 72x^2 \cdot \cos(12x^3) - 7 \cdot \sin(7x)$ f) $f'(x) = -12 \cdot \sin(4x - 2) + 8x \cdot \cos(2x^2 - 1)$

614. a) $f'(x) = \frac{x \cdot \cos(x) - \sin(x)}{x^2}$ b) $f'(x) = \frac{-6x \cdot \sin(x^2) - 2x^2 \sin(x^2) - \cos(x^2)}{(x+3)^2}$

c) $f'(x) = \frac{x \cdot \cos(x) + x^2 \cos(x) + \sin(x)}{(x+1)^2}$

615. $f'(x) = \frac{1}{\cos^2(x)}$

616. a) −16,05 Nach 150 Sekunden ist die Gondel 16,05 Meter von der Drehachse entfernt.
b) 0,64 Die Höhe der Gondel nimmt im Intervall [0; 40] im Mittel um 0,64 m pro Sekunde zu.
0,07 Die Höhe der Gondel nimmt im Intervall [40; 80] im Mittel um 0,07 m pro Sekunde zu.
−0,56 Die Höhe der Gondel nimmt im Intervall [80; 120] im Mittel um 0,56 m pro Sekunde ab.
c) 0,75; 0,66; 0,25; −0,68; 0,16

617. Eine Funktion f mit $f(x) = a \cdot b^x$ ($a \in \mathbb{R}\setminus\{0\}$, $b \in \mathbb{R}^+$) nennt man Exponentialfunktion mit der Basis b.

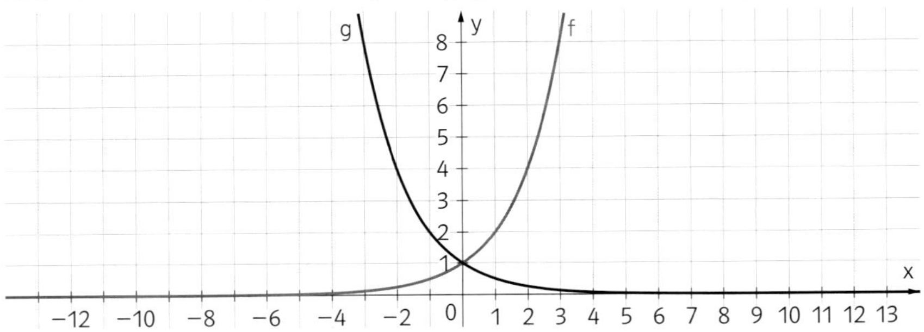

618. Eine Exponentialfunktion der Form $f(x) = a \cdot e^x$ ($a \in \mathbb{R}\setminus\{0\}$) nennt man natürliche Exponentialfunktion. Die Euler'sche Zahl e ist eine irrationale Zahl. ($e = 2{,}7182818\ldots$)

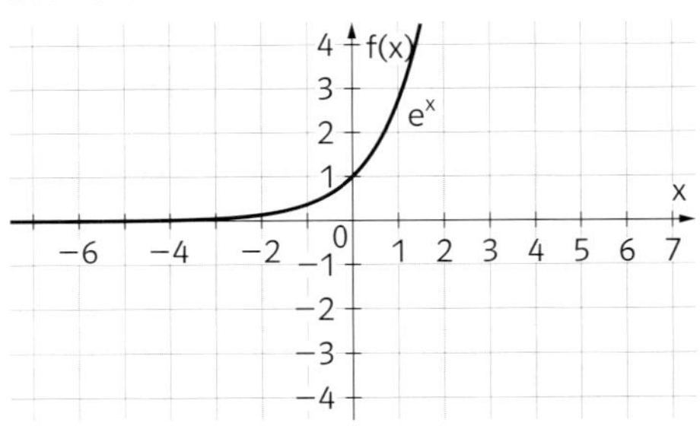

619. Musteraufgabe

620. a) $f'(x) = 3 \cdot e^{3x}$ b) $f'(x) = -5 \cdot e^{-5x}$ c) $f'(x) = 7 \cdot e^{7x} + 4$ d) $f'(x) = -5 \cdot e^{-5x} + 9x^2$ e) $f'(x) = 10 \cdot e^{-5x} - 2x$ f) $f'(x) = 5 \cdot \ln(3) \cdot 3^{5x}$ g) $f'(x) = -8 \cdot \ln(5) \cdot 5^{-8x}$

h) $f'(x) = -4 \cdot \ln(10) \cdot 10^{-4x}$ i) $f'(x) = -4 \cdot \ln(2) \cdot 2^{-4x}$ j) $f'(x) = -24 \cdot \ln(5) \cdot 5^{-8x}$ k) $f'(x) = \frac{1}{x}$ l) $f'(x) = \frac{1}{x}$ m) $f'(x) = \frac{2}{x}$ n) $f'(x) = \frac{-5}{x}$

o) $f'(x) = \frac{15}{x}$ p) $f'(x) = \frac{1}{x \cdot \ln(2)}$ q) $f'(x) = \frac{1}{x \cdot \ln(3)}$ r) $f'(x) = \frac{2}{x \cdot \ln(2)}$ s) $f'(x) = \frac{5}{x \cdot \ln(2)}$ t) $f'(x) = \frac{-9}{x \cdot \ln(3)}$

621. a) $f'(x) = e^{-3x} \cdot (2x - 3x^2)$

b) $f'(x) = \frac{e^{-3x} \cdot (1 - 3x \cdot \ln(3x))}{x}$

c) $f'(x) = \frac{3^{-4x} \cdot (2 - 4x \cdot \ln(3) \cdot \ln(x^2))}{x}$

d) $f'(x) = \frac{2^{5x} \cdot (1 + 5x \cdot \ln(2) \cdot \ln(3x))}{x}$

e) $f'(x) = \frac{\ln(2x) + \ln(5x)}{x \cdot \ln(3)}$

f) $f'(x) = \frac{e^{4x} \cdot (1 + 4x \cdot \ln(2x))}{x \cdot \ln(2)}$

622. a) −6,75 Die Temperatur des Kakaos nimmt im Intervall [0; 2] im Mittel um 6,75 °C pro Minute ab.
−5,21 Die Temperatur des Kakaos nimmt im Intervall [2; 4] im Mittel um 5,21 °C pro Minute ab.

b) −5,91 Die momentane Temperaturänderung des Kakaos zum Zeitpunkt $t = 2$ ist −5,91 °C/min.
−4,56 Die momentane Temperaturänderung des Kakaos zum Zeitpunkt $t = 4$ ist −4,56 °C/min.
−0,57 Die momentane Temperaturänderung des Kakaos zum Zeitpunkt $t = 20$ ist −0,57 °C/min.

623. a) x^{-3} b) $2x^{-7}$ c) $5x^{-6}$ d) $x^{\frac{1}{2}}$ e) $x^{\frac{7}{4}}$ f) $x^{\frac{9}{2}}$ g) $3x^{-\frac{1}{2}}$ h) $-2x^{-\frac{7}{4}}$ i) $x^{-\frac{1}{3}}$

624. Musteraufgabe

625. a) $f'(x) = \frac{9}{x^4}$ c) $f'(x) = \frac{12}{x^2} + \frac{8}{x^5}$ e) $f'(x) = 2x - 15x^2 + \frac{42}{x^{15}}$

b) $f'(x) = \frac{-24}{x^9} - \frac{24}{x^{13}}$ d) $f'(x) = \frac{-12}{x^4} - \frac{144}{x^{13}}$ f) $f'(x) = \frac{-12}{x^5} + \frac{9}{x^{10}}$

626. a) $f'(x) = \frac{4}{3} \cdot \sqrt[3]{x}$ b) $f'(x) = \frac{6}{7 \cdot \sqrt[7]{x}}$ c) $f'(x) = \frac{11 \cdot \sqrt[4]{x^7}}{4}$ d) $f'(x) = -\frac{3}{2 \cdot \sqrt{x^5}}$

e) $f'(x) = \frac{35}{2 \cdot \sqrt{x^9}}$

627. a) $f'(x) = -\frac{5x^2 - 2x}{2 \cdot \sqrt[2]{(2x^3 - x^2)^3}}$ b) $f'(x) = \frac{12x + 9}{2 \cdot \sqrt[2]{(2x^2 + 3x)^3}}$ c) $f'(x) = -\frac{150 + 400x^7}{2 \cdot \sqrt[2]{(6x + 2x^8)^3}}$ d) $f'(x) = \frac{126x^2 + 12x}{\sqrt[2]{(7x^3 + x^2)^3}}$

628. a) Die Regel wird mit der Kettenregel bewiesen:

$$f(x) = \sqrt{g(x)} = g(x)^{\frac{1}{2}} \quad \Rightarrow \quad f'(x) = \frac{1}{2} \cdot g(x)^{-\frac{1}{2}} \cdot g'(x) = \frac{g'(x)}{2 \cdot \sqrt{g(x)}}$$

b) Die Regel wird mit der Kettenregel bewiesen:

$$f(x) = \sqrt[3]{g(x)} = g(x)^{\frac{1}{3}} \quad \Rightarrow \quad f'(x) = \frac{1}{3} \cdot g(x)^{-\frac{2}{3}} \cdot g'(x) = \frac{g'(x)}{3 \cdot \sqrt[3]{g(x)^2}}$$

629. a)

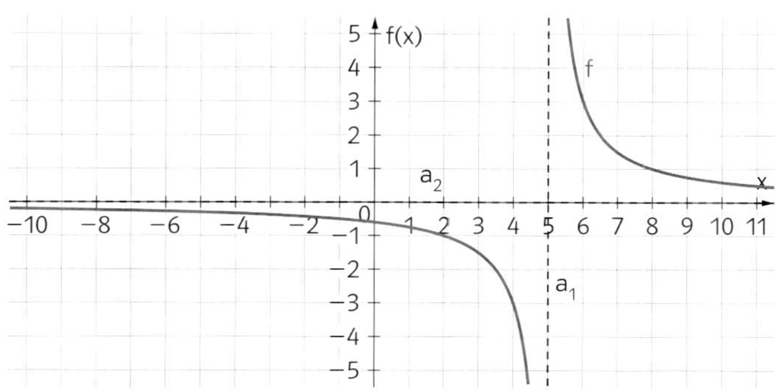

a_1: $x = 5$ a_2: $y = 0$

b)

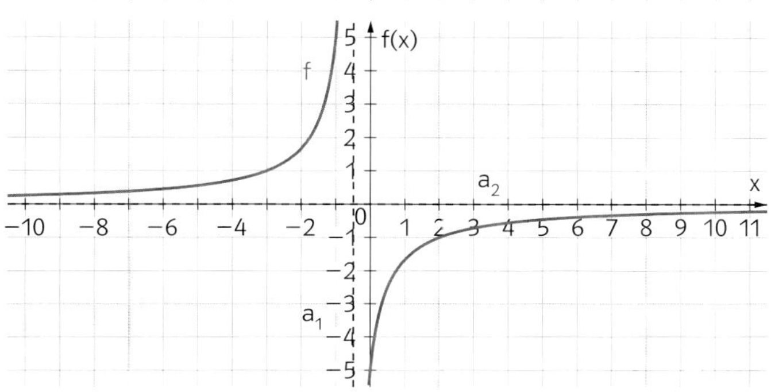

a_1: $x = -0{,}5$ a_2: $y = 0$

c)

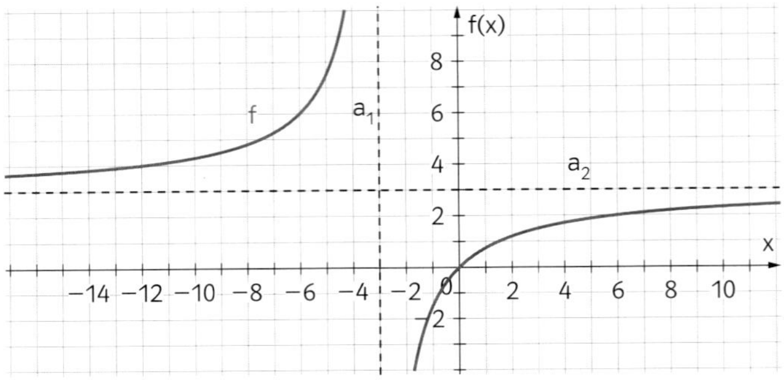

a_1: x = −3 a_2: y = 3

d)

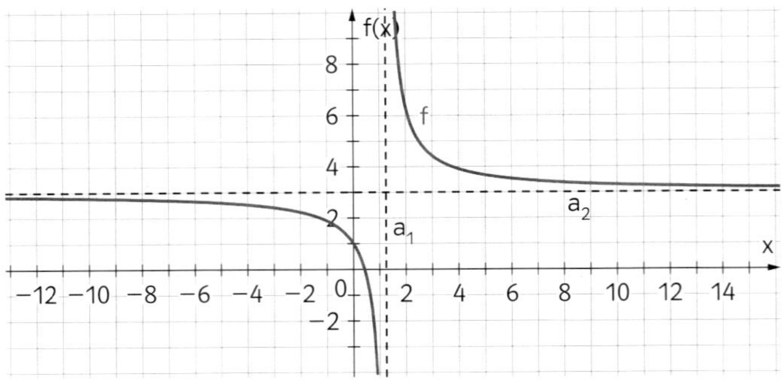

a_1: x = 1,25 a_2: y = 3

e)

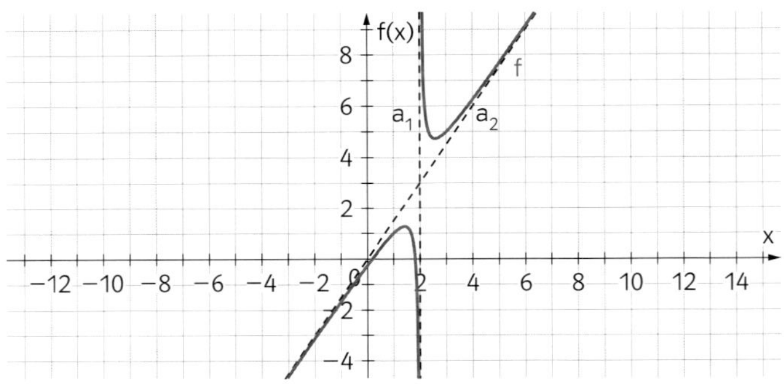

a_1: x = 2 a_2: y = 1,5 x

f)

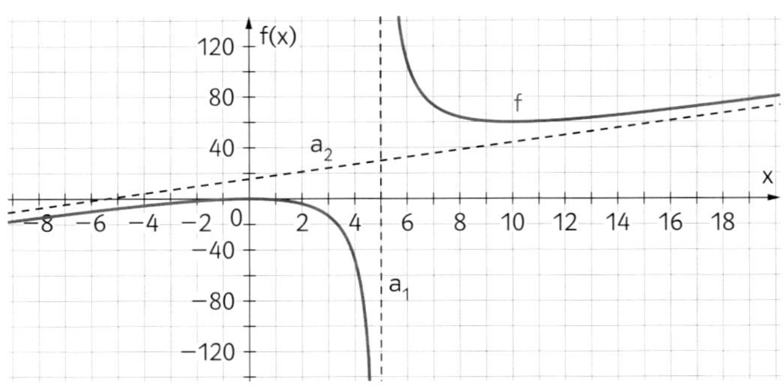

a_1: x = 5 a_2: y = 3 x + 15

630. **a)** h muss eine reelle Nullstelle besitzen. **b)** n ≤ r **c)** n < r **d)** n > r

631. Musteraufgabe

632. **a)** 1) $D = \mathbb{R}\backslash\{3\}$ 2) $N = (0|0)$ 3) keine Extremstellen

4) streng monoton fallend in $(-\infty; 3)$ bzw. $(3; \infty)$

5) keine Wendestellen 6) rechts gekrümmt in $(-\infty; 3)$; links gekrümmt in $(3; \infty)$

7) keine Wendetangenten 8) a_1: $x = 3$ a_2: $y = 1$

9)

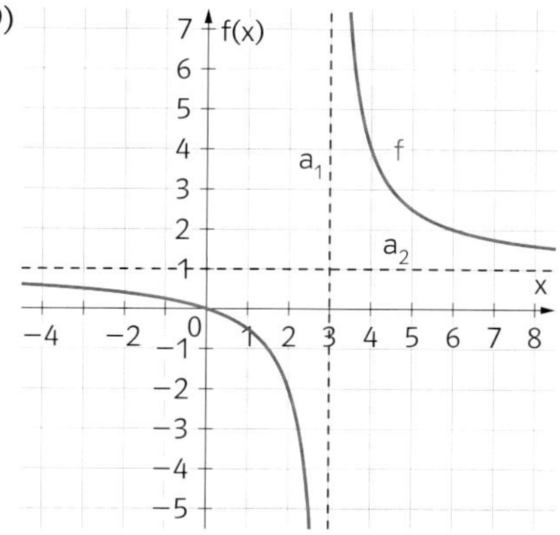

b) 1) $D = \mathbb{R}\backslash\{1\}$ 2) $N = (0|0)$ 3) keine Extremstellen

4) streng monoton fallend in $(-\infty; 1)$ bzw. $(1; \infty)$

5) keine Wendestellen 6) rechts gekrümmt in $(-\infty; 1)$; links gekrümmt in $(1; \infty)$

7) keine Wendetangenten 8) a_1: $x = 1$ a_2: $y = 2$

9)

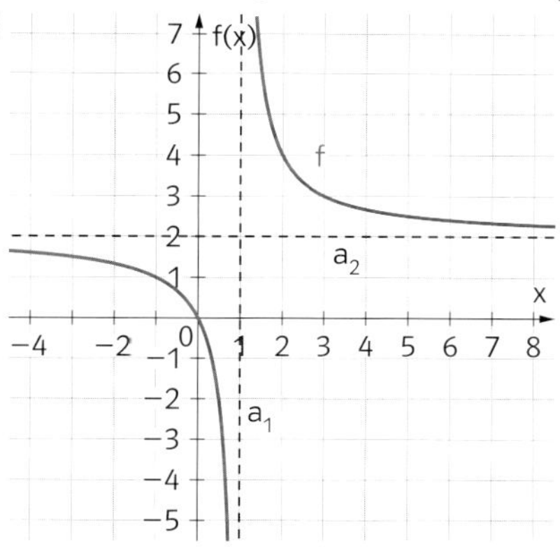

c) 1) $D = \mathbb{R}\backslash\{2\}$ 2) $N = (-2|0)$ 3) keine Extremstellen

4) streng monoton fallend in $(-\infty; 2)$ bzw. $(2; \infty)$

5) keine Wendestellen 6) rechts gekrümmt in $(-\infty; 2)$; links gekrümmt in $(2; \infty)$

7) keine Wendetangenten 8) a_1: $x = 2$ a_2: $y = \frac{2}{3}$

9)

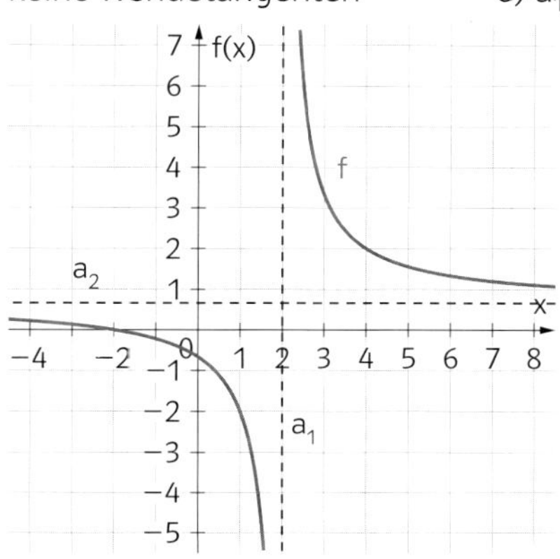

d) 1) $D = \mathbb{R}\setminus\{\pm 3\}$ 2) $N = (0 \mid 0)$ 3) keine Extremstellen

4) streng monoton steigend in $(-\infty; -3)$; $(-3; 3)$ bzw. $(3; \infty)$

5) $W = (0 \mid 0)$ 6) links gekrümmt in $(-\infty; -3)$; $[0; 3)$ rechts gekrümmt in $[-3; 0]$; $(3; \infty)$

7) $t(x) = \frac{2}{27}x$ 8) a_1: $x = -3$ a_2: $x = 3$ a_3: $y = 0$

9)

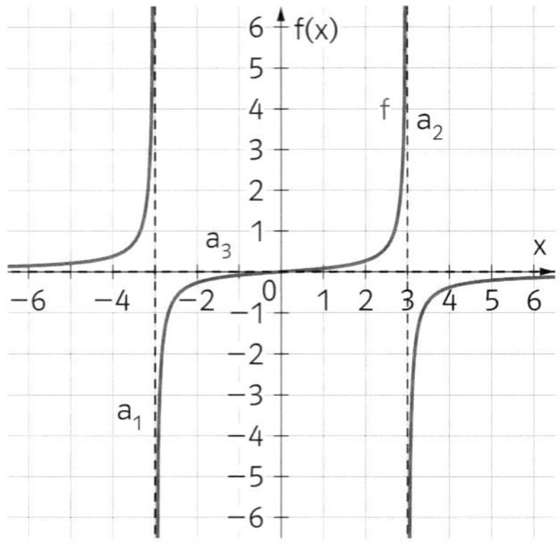

e) 1) $D = \mathbb{R}\setminus\{\pm 2\}$ 2) $N = (0 \mid 0)$ 3) keine Extremstellen

4) streng monoton steigend in $(-\infty; -2)$; $(-2; 2)$; $(2; \infty)$

5) $W = (0 \mid 0)$ 6) links gekrümmt in $(-\infty; -2)$; $[0; 2)$ rechts gekrümmt in $[-2; 0]$; $(2; \infty)$

7) $t(x) = 0{,}5x$ 8) a_1: $x = -2$ a_2: $x = 2$ a_3: $y = 0$

9)

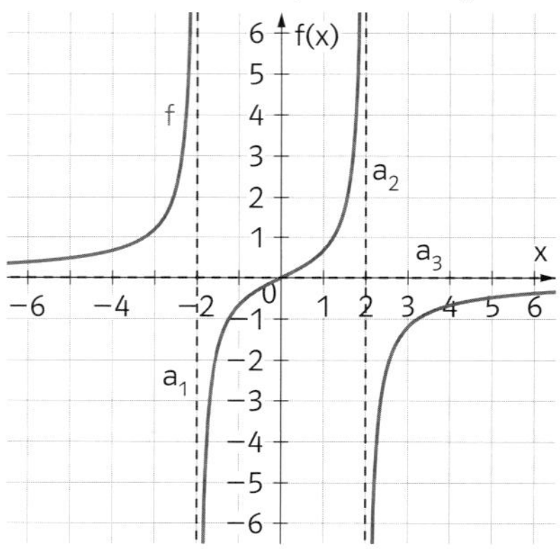

f) 1) $D = \mathbb{R}\setminus\{\pm 1]$ 2) $N = (0 \mid 0)$ 3) keine Extremstellen

4) streng monoton fallend in $(-\infty; -1)$; $(-1; 1)$; $(1; \infty)$

5) $W = (0 \mid 0)$ 6) rechts gekrümmt in $(-\infty; -1)$; $[0; 1)$ links gekrümmt in $(-1; 0]$; $[1; \infty)$

7) $t(x) = -5x$ 8) a_1: $x = -1$ a_2: $x = 1$ a_3: $y = 0$

9)

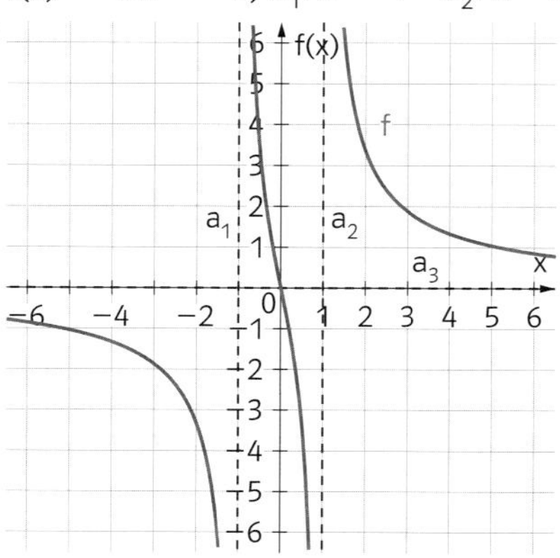

g) 1) $D = \mathbb{R}\setminus\{-3\}$ 2) $N_1 = (-2\,|\,0)$; $N_2 = (2\,|\,0)$

3) $H = (-5{,}23\,|\,-5{,}23)$; $T = (-0{,}76\,|\,-0{,}76)$

4) streng monoton steigend in $(-\infty; -5{,}23]$; $[-0{,}76; \infty)$
streng monoton fallend in $[-5{,}23; -3)$; $(-3; -0{,}76]$

5) keine Wendestellen 6) rechts gekrümmt in $(-\infty; -3)$ links gekrümmt in $(-3; \infty)$

7) keine Wendetangenten 8) a_1: $x = -3$ a_2: $y = 0{,}5x - 1{,}5$

9)

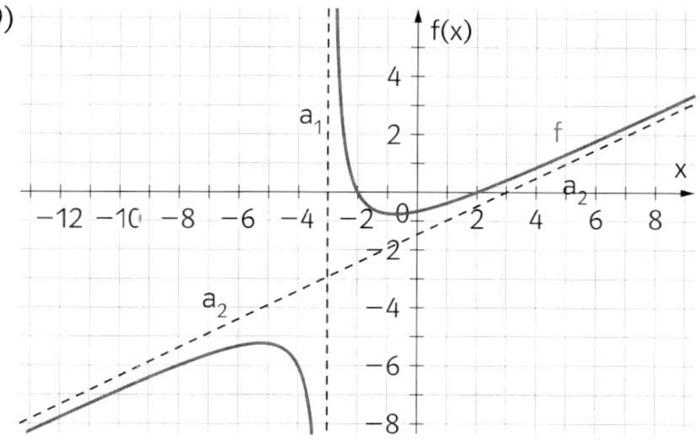

h) 1) $D = \mathbb{R}\setminus\{-2\}$ 2) $N_1 = (-1\,|\,0)$; $N_2 = (1\,|\,0)$

3) $H = (-3{,}73\,|\,-1{,}87)$; $T = (-0{,}27\,|\,-0{,}13)$

4) streng monoton steigend in $(-\infty; -3{,}73]$; $[-0{,}27; \infty)$
streng monoton fallend in $[-3{,}73; -2)$; $(-2; -0{,}27]$

5) keine Wendestellen 6) rechts gekrümmt in $(-\infty; -2)$ links gekrümmt in $(-2; \infty)$

7) keine Wendetangenten 8) a_1: $x = -2$ a_2: $y = 0{,}25x - 0{,}5$

9)

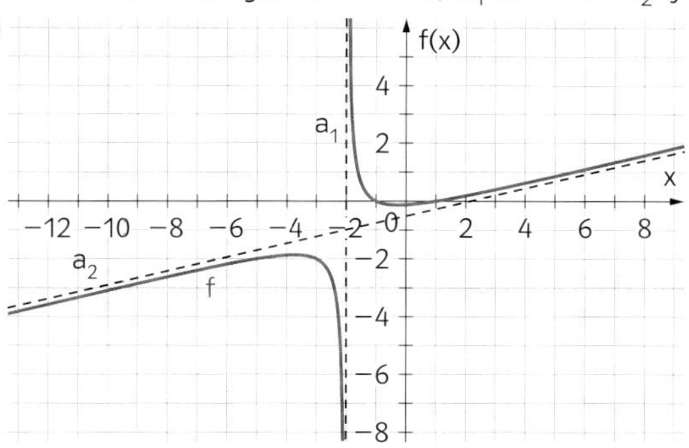

i) 1) $D = \mathbb{R}\setminus\{-2\}$ 2) $N_1 = (-4\,|\,0)$; $N_2 = (4\,|\,0)$

3) keine Extremstellen

4) streng monoton steigend in $(-\infty; -2]$; $(-2; \infty)$

5) keine Wendestellen 6) links gekrümmt in $(-\infty; -2)$ rechts gekrümmt in $(-2; \infty)$

7) keine Wendetangenten 8) a_1: $x = -2$ a_2: $y = 0{,}5x - 1$

9)

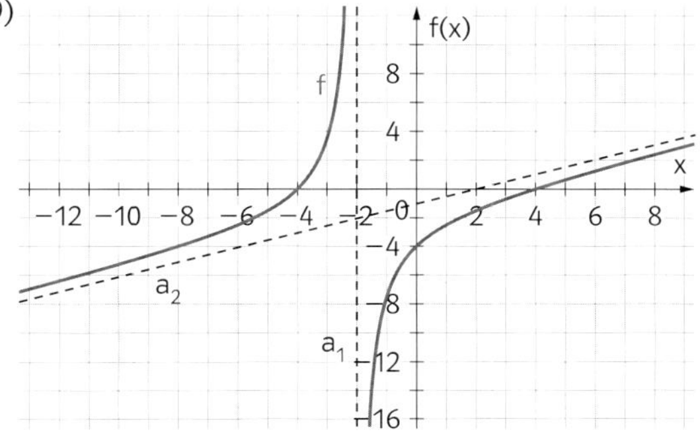

633. Musteraufgabe

634. Interpretation: Bei den Nullstellen erreicht das Pendel die Position der Ruhelage. Bei den Extremstellen ist der Abstand zur Ruhelage maximal. Bei den Wendestellen besitzt der Körper die höchste Geschwindigkeit. Die Länge der Periode gibt die Zeit für eine vollständige Schwingung an.

a) 1) $t = k \cdot \frac{\pi}{3}, k \in \mathbb{Z}$ 2) $H = \left(\frac{\pi}{6} + k \cdot \frac{2\pi}{3} \middle| 3\right); T = \left(\frac{\pi}{2} + k \cdot \frac{2\pi}{3} \middle| -3\right), k \in \mathbb{Z}$

3) $t = k \cdot \frac{\pi}{3}, k \in \mathbb{Z}$ 4) streng monoton steigend in $\left[\frac{\pi}{2} + k \cdot \frac{2\pi}{3}; \frac{5\pi}{6} + k \cdot \frac{2\pi}{3}\right]$

streng monoton fallend in $\left[\frac{\pi}{6} + k \cdot \frac{2\pi}{3}; \frac{\pi}{2} + k \cdot \frac{2\pi}{3}\right]$ 5) $\frac{2\pi}{3}$

b) 1) $t = k \cdot 2\pi, k \in \mathbb{Z}$ 2) $H = (\pi + k \cdot 4\pi | 2); T = (3\pi + k \cdot 4\pi | -2), k \in \mathbb{Z}$
3) $t = k \cdot 2\pi, k \in \mathbb{Z}$ 4) streng monoton steigend in $[3\pi + k \cdot 4\pi; 5\pi + k \cdot 4\pi]$
streng monoton fallend in $[\pi + k \cdot 4\pi; 3\pi + k \cdot 4\pi]$ 5) 4π

c) 1) $t = k, k \in \mathbb{Z}$ 2) $H = \left(\frac{1}{2} + 2 \cdot k \middle| 2\right); T = \left(\frac{3}{2} + 2 \cdot k \middle| -2\right), k \in \mathbb{Z}$

3) $t = k, k \in \mathbb{Z}$ 4) streng monoton steigend in $\left[\frac{3}{2} + 2 \cdot k; \frac{5}{2} + 2 \cdot k\right]$

streng monoton fallend in $\left[\frac{1}{2} + 2 \cdot k; \frac{3}{2} + 2 \cdot k\right]$ 5) 2

d) 1) $t = \frac{\pi}{4} + k \cdot \frac{\pi}{2}, k \in \mathbb{Z}$ 2) $H = (k \cdot \pi | 3); T = \left(\frac{\pi}{2} + k \cdot \pi \middle| -3\right), k \in \mathbb{Z}$

3) $t = \frac{\pi}{4} + k \cdot \frac{\pi}{2}, k \in \mathbb{Z}$ 4) streng monoton steigend in $\left[\frac{\pi}{2} + k \cdot \pi; \pi + k \cdot \pi\right]$

streng monoton fallend in $\left[k \cdot \pi; \frac{\pi}{2} + k \cdot \pi\right]$ 5) π

e) 1) $t = \pi + k \cdot 2\pi, k \in \mathbb{Z}$ 2) $H = (k \cdot 4\pi | 5); T = (2\pi + k \cdot 4\pi | -5), k \in \mathbb{Z}$
3) $t = \pi + k \cdot 2\pi, k \in \mathbb{Z}$ 4) streng monoton steigend in $[2\pi + k \cdot 4\pi; 4\pi + k \cdot 4\pi]$
streng monoton fallend in $[k \cdot 4\pi; 2\pi + k \cdot 4\pi]$ 5) 4π

f) 1) $t = 1 + 2k, k \in \mathbb{Z}$ 2) $H = (4 \cdot k | 3); T = (2 + 4 \cdot k | -3), k \in \mathbb{Z}$
3) $t = 1 + 2k, k \in \mathbb{Z}$ 4) streng monoton steigend in $[2 + 4 \cdot k; 4 + 4 \cdot k]$
streng monoton fallend in $[4 \cdot k; 2 + 4 \cdot k]$ 5) 4

635. **a)** 1) $x = k \cdot \pi, k \in \mathbb{Z}$ 2) $H = (k \cdot \pi | 1); T = \left(\frac{\pi}{2} + k \cdot \pi \middle| 0\right), k \in \mathbb{Z}$

3) $x = \pm\frac{\pi}{4} + k \cdot \pi, k \in \mathbb{Z}$ 4) π

b) 1) $x = \frac{\pi}{2} + k \cdot \pi, k \in \mathbb{Z}$ 2) $H = \left(\frac{\pi}{2} + k \cdot \pi \middle| 1\right); T = (k \cdot \pi | 0), k \in \mathbb{Z}$

3) $x = \pm\frac{\pi}{4} + k \cdot \pi, k \in \mathbb{Z}$ 4) π

c) 1) $x = k \cdot \frac{\pi}{2}, k \in \mathbb{Z}$ 2) $H = \left(\frac{\pi}{4} + k \cdot \pi \middle| \frac{1}{2}\right); T = \left(\frac{3\pi}{4} + k \cdot \pi \middle| -\frac{1}{2}\right), k \in \mathbb{Z}$

3) $x = k \cdot \frac{\pi}{2}, k \in \mathbb{Z}$ 4) π

636. Musteraufgabe

637. **a)** 1) $x = -3$ 2) $H = (-1 | 2 \cdot \sqrt{e})$ 3) $W = \left(1 \middle| \frac{4}{\sqrt{e}}\right)$

4) streng monoton steigend in $(-\infty; -1]$ streng monoton fallend in $[-1; \infty)$
5) rechts gekrümmt in $(-\infty; 1]$ links gekrümmt in $[1; \infty)$

b) 1) $x = -\frac{3}{2}$ 2) $T = (0 | -3)$ 3) $W = \left(-1{,}5 \middle| -\frac{6}{e}\right)$

4) streng monoton fallend in $(-\infty; 0]$ streng monoton steigend in $[0; \infty)$
5) rechts gekrümmt in $(-\infty; -1{,}5]$ links gekrümmt in $[-1{,}5; \infty)$

c) 1) $x = 2$ 2) $T = \left(-3 \middle| -\frac{15}{\sqrt[5]{e^3}}\right)$ 3) $W = \left(-8 \middle| -\frac{30}{\sqrt[5]{e^8}}\right)$

4) streng monoton fallend in $(-\infty; -3]$ streng monoton steigend in $(-3; \infty]$
5) rechts gekrümmt in $(-\infty; -8]$ links gekrümmt in $[-8; \infty)$

d) 1) $x = \pm 3$ 2) $H = (-5,61 \mid 1,36)$; $T = (1,61 \mid -14,33)$
3) $W_1 = (-8,12 \mid 0,98)$ $W_2 = (0,12 \mid -9,56)$
4) streng monoton steigend in $(-\infty; -5,61]$ bzw. $[1,61; \infty)$
streng monoton fallend in $[-5,61; 1,61]$
5) links gekrümmt in $(-\infty; -8,12]$ bzw. $[0,12; \infty)$ rechts gekrümmt in $[-8,12; 0,12]$

e) 1) $x = \pm 4$ 2) $T = (-1,66 \mid -20,06)$ $H = (9,66 \mid 6,91)$ 3) $W_1 = (1,07 \mid -11,36)$ $W_2 = (14,93 \mid 4,95)$
4) streng monoton fallend in $(-\infty; -1,66]$ bzw. $[9,66; \infty)$
streng monoton steigend in $[-1,66; 9,66]$
5) links gekrümmt in $(-\infty; 1,07]$ bzw. $[14,93; \infty)$ rechts gekrümmt in $[1,07; 14,93]$

f) 1) keine Nullstellen 2) $H = (-3,73 \mid 2,31)$ $T = (-0,27 \mid 0,94)$
3) $W_1 = (-6,65 \mid 1,63)$ $W_2 = (-1,35 \mid 1,44)$
4) streng monoton steigend in $(-\infty; -3,73]$ bzw. $[-0,27; \infty)$
streng monoton fallend in $[-3,73; -0,27]$
5) links gekrümmt in $(-\infty; -6,65]$ bzw. $[-1,35; \infty)$ rechts gekrümmt in $[-6,65; -1,35]$

638. **a)** 0 **b)** −5 **c)** 0 **d)** 1 **e)** 0

639. Musteraufgabe

640. **a)** an der Stelle 1 unstetig
b) stetig
c) an der Stelle 1 unstetig
d) stetig
e) stetig
f) stetig
g) an der Stelle 0 unstetig
h) stetig

641. **a)** an den Stellen x_2, x_3, x_5 unstetig, da f hier Sprungstellen besitzt.
b) an den Stellen x_1, x_2, x_4 unstetig, da f hier Sprungstellen besitzt.

642. Diese Aussage ist falsch, da die Stelle 1 nicht zur Definitionsmenge von f gehört. Polstellen sind daher keine Unstetigkeitsstellen.

643. Musteraufgabe

644. **a)** an der Stelle 3, da hier der links- und rechtsseitige Grenzwert nicht übereinstimmen.
b) an der Stelle −1, da hier der links- und rechtsseitige Grenzwert nicht übereinstimmen.
c) an der Stelle 0,5, da hier der links- und rechtsseitige Grenzwert nicht übereinstimmen.
d) an der Stelle −3, da hier der links- und rechtsseitige Grenzwert nicht übereinstimmen.

645. **a)** $f(x) = \sinh(x) = \frac{e^x - e^{-x}}{2}$ $f'(x) = \frac{e^x - (-e^{-x})}{2} = \frac{e^x + e^{-x}}{2} = \cosh(x)$
b) A, E
c) −21 881,5
Die Anzahl der Atome im Intervall [1; 4] nimmt im Mittel um 21 881,5 Atome pro Stunde ab.
−4 280,9
Die Anzahl der Atome im Intervall [15; 18] nimmt im Mittel um 4 280,9 Atome pro Stunde ab.
Die momentane Änderungsrate von A zum Zeitpunkt $t = 3$ ist −20 538,2.

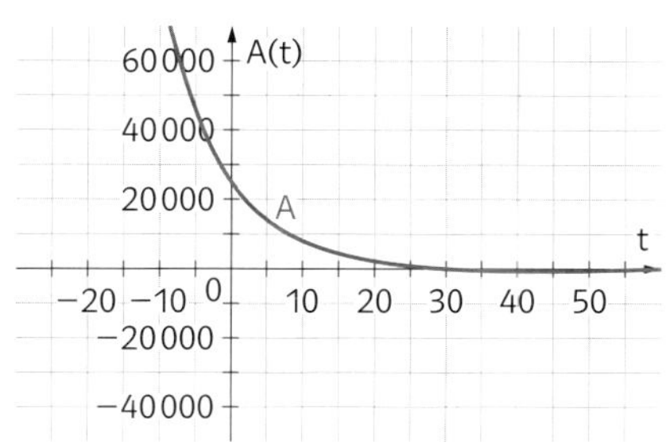

Die momentane Änderungsrate von A zum Zeitpunkt $t = 4$ ist −18 279.
Betrachtet man den Graphen der Exponentialfunktion, erkennt man, dass er streng monoton fallend ist. Die Tangentensteigungen nehmen für größer werdende Argumente zu (da der Graph links gekrümmt ist). Aus diesem Grund gilt $A'(a) < A'(b)$ für alle $a < b$.
d) C, E

646. – 660. Selbstkontrolle (Lösungen im Schulbuch)

8 Anwendungen der Differentialrechnung

Kapitel 8
vj45a8

661.

	Fixkosten	variable Kosten
a)	5	$3x$
b)	4 000	$200x$
c)	8 000	$0{,}1x^2 + 30x$
d)	50	$10x - 3x^2 + 0{,}05x^3$

662. a) 172,5 GE b) 2 200 GE c) 1 375 GE d) 27,5 GE

663. Musteraufgabe

664. a) $K(x) = 90x + 3000$ b) $K(x) = 50x + 1200$ c) $K(x) = 100x + 4500$

665. Für **a)**, **b)** und **c)** gilt:
d beschreibt die Fixkosten. k sind die zusätzlichen Kosten pro erzeugter Mengeneinheit.

666. **a)** $S = (20 \mid 600)$
b) $S = (200 \mid 20000)$
In den Schnittpunkten sind die (Gesamt-) Kosten für die jeweils produzierten Mengeneinheiten gleich.

667. **a)** $S = (100 \mid 16000)$
b) $S = (250 \mid 32000)$
In den Schnittpunkten sind die (Gesamt-) Kosten für die jeweils produzierten Mengeneinheiten gleich.

668. a) $K'(x) = 15$ b) $K'(x) = 0{,}4x + 40$ c) $K'(x) = 1{,}4x + 50$ d) $K'(x) = 0{,}21x^2 + 100$
Die Grenzkostenfunktion gibt näherungsweise den Kostenzuwachs für eine zusätzlich produzierte Mengeneinheit an.

669. **a)** Die Grenzkosten sind um rund 67 % geringer als der tatsächliche Kostenzuwachs.
b) Die Grenzkosten sind um rund 33 % geringer als der tatsächliche Kostenzuwachs.
c) Die Grenzkosten sind um rund 0,19 % geringer als der tatsächliche Kostenzuwachs.
d) Die Grenzkosten sind um rund 4,67 % größer als der tatsächliche Kostenzuwachs.

670. a) $K'(320) = K(321) - K(320) = 90$
b) $K'(100) = K(101) - K(100) = 100$
c) $K'(210) = K(211) - K(210) = 90$
Bei linearen Kostenfunktionen sind die Grenzkosten $K'(a)$ und der tatsächliche Kostenzuwachs $K(a + 1) - K(a)$ für a ME gleich.

671. **a)** $K(x) = 20x + 500$ $K'(x) = 20$
b) $K(x) = 30x + 150$ $K'(x) = 30$

672. A; C

673. Musteraufgabe

674. a) $\overline{K}(x) = \frac{4000}{x} + 70$ b) $\overline{K}(x) = 80 + \frac{5000}{x}$ c) $\overline{K}(x) = \frac{3000}{x} + 45$

675. Musteraufgabe

676.

	Betriebsoptimum	minimale Stückkosten
a)	100 ME	30 GE
b)	200 ME	140 GE
c)	400 ME	700 GE
d)	250 ME	1100 GE

677. a) 100 ME b) 200 ME c) 50 ME d) 2 ME

678. Musteraufgabe

679. a)

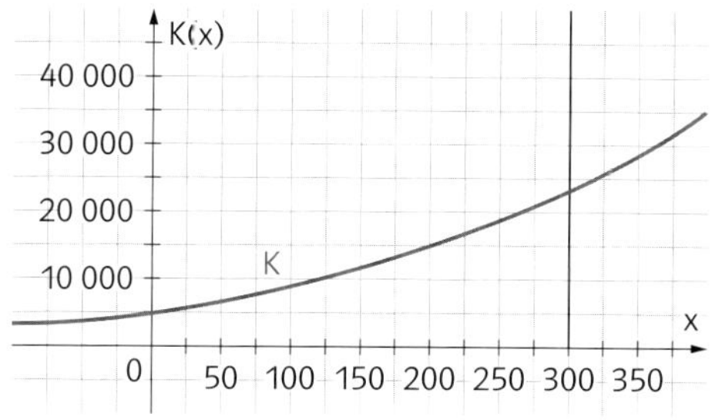

$K''(x) = \frac{1}{5} > 0$
K'' ist für alle Produktionsmengen des Definitionsbereichs positiv. Die Kosten nehmen mit größer werdendem x überproportional (progressiv) zu.

b)

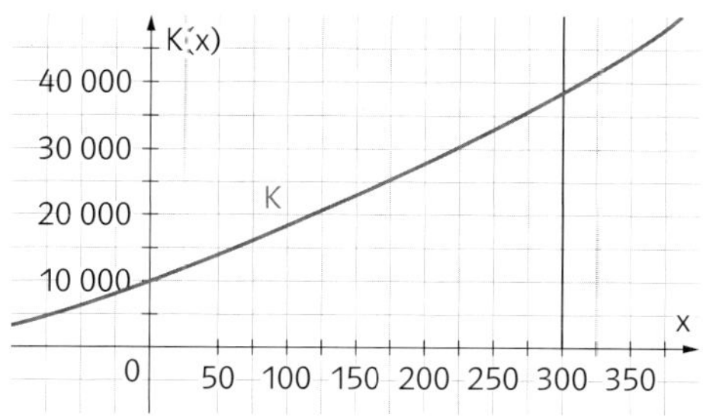

$K''(x) = \frac{1}{10} > 0$
K'' ist für alle Produktionsmengen des Definitionsbereichs positiv. Die Kosten nehmen mit größer werdendem x überproportional (progressiv) zu.

680. **a)** Kostenkehre: 20 ME $K''(x) < 0$ für alle $x < 20$ ME und $K''(x) > 0$ für alle $x > 20$ ME
b) Kostenkehre: 8 ME $K''(x) < 0$ für alle $x < 8$ ME und $K''(x) > 0$ für alle $x > 8$ ME

681. Musteraufgabe

682. a) Break-even-point: 100 ME

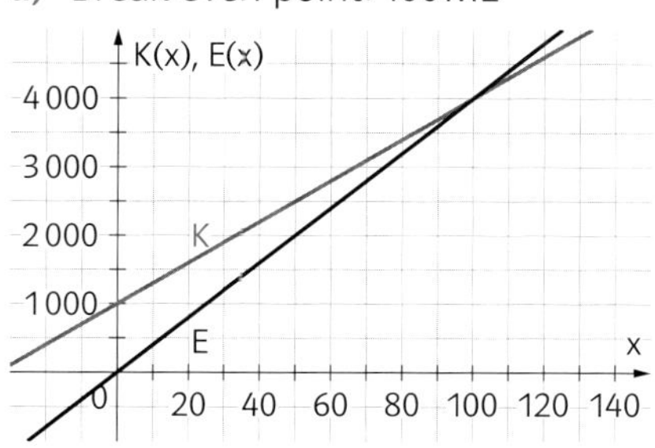

b) Break-even-point: 100 ME

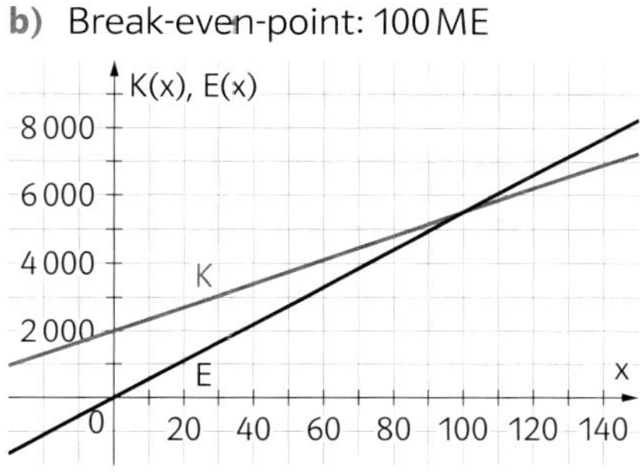

c) Break-even-point: 100 ME

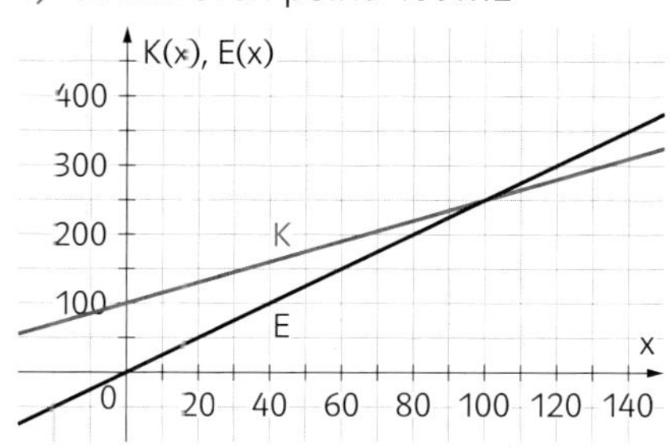

d) Break-even-point: 100 ME

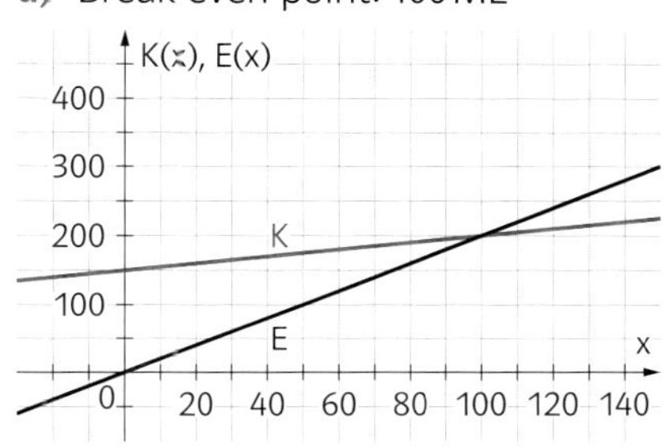

683. Bei über 60 Stück produzierten und abgesetzten mp3-Playern macht der Betrieb einen Gewinn.

684. Gewinnschwelle: 4 250 000 Müsliriegel Erlös E(4 250 000) = 1 912 500 €

685.

	Gewinnschwelle	Gewinngrenze	optimale Menge
a)	25 ME	100 ME	62,5 ME
b)	10 ME	490 ME	250 ME
c)	10 ME	40 ME	25 ME
d)	25 ME	250 ME	137,5 ME

686.

	Gewinnschwelle	Gewinngrenze	optimale Menge
a)	1 ME	≈ 8,4 ME	≈ 5,5 ME
b)	≈ 2,6 ME	≈ 9,4 ME	≈ 6,7 ME

687. a) 1) $n'(t)$ … momentane Änderung (Änderungsgeschwindigkeit) der Virenanzahl in „Viren pro Stunde"j
$n''(t)$ … momentane Änderung der Änderungsgeschwindigkeit der Virenanzahl in „Viren pro Stunde^2"
2) a = 504 Viren; b = 508 Viren; c = 524 Viren; d = 4 Viren/h; e = 0 Viren/h^2

b) 1) $n'(t)$ … momentane Änderung (Änderungsgeschwindigkeit) der Virenanzahl nach t Stunden in „Viren pro Sekunde"
$n''(t)$ … momentane Änderung der Änderungsgeschwindigkeit der Virenanzahl nach t Stunden in „Viren pro Sekunde^2"
2) a = 4700 Viren/s; b = 5300 Viren/s; c = –300 Viren/s^2; e ist nicht bestimmbar

c) 1) $T'(h)$ … momentane Temperaturänderung in der Höhe h in °C/m
$T''(h)$ … momentane Änderung der Änderungsgeschwindigkeit der Temperatur in der Höhe h in °C/m^2
2) a = –0,1 °C/m; b = 14 °C; c = 0 °C/m^2; d = 15,1 °C

d) 1) $p'(h)$ … momentane Druckänderung in der Höhe h in Pa/m
$p''(h)$ … momentane Änderung der Druckänderung in der Höhe h in Pa/m^2
2) a = 0 Pa/m; b = 0 Pa/m^2; c = 1000 Pa

688. a) 1) $v'(t)$ … momentane Beschleunigung (momentane Änderung der Geschwindigkeit) nach t Sekunden in km/(h · s)
$v''(t)$ … momentane Änderung der Beschleunigung nach t Sekunden in km/(h · s^2)
2) a = 52 km/h; b = 0 km/(h · s^2); c = 2 km/(h · s); d = 0 km/(h · s^3)

b) 1) $B'(r)$ … die momentane Änderung der Beleuchtungsstärke im Abstand r in lx/m
$B''(r)$ … die momentane Änderung der Änderung der Beleuchtungsstärke im Abstand r in lx/m^2
2) a = nicht bestimmbar; b = 20 lx/m; c = 0 lx/m^2; d = 0 lx/m^3

689. a) N(20) ≈ 143 Bakterien: Es gibt nach 20 Minuten ca. 143 Bakterien
N′(20) ≈ 4 Bakterien/min: Nach 20 Minuten ist die momentane Änderungsgeschwindigkeit der Bakterienanzahl ca. 4 Bakterien/min
N″(20) ≈ 0,12 Bakterien/min^2: Nach 20 Minuten ist die momentane Änderung der Änderungsgeschwindigkeit der Bakterienanzahl ca. 0,12 Bakterien/min^2

b) N(t) ist streng monoton wachsend. Die Bakterienanzahl nimmt mit der Zeit zu.

c) N′(t) ist streng monoton wachsend. Die Änderungsgeschwindigkeit der Bakterienanzahl nimmt mit der Zeit zu.

d) N″(t) ist streng monoton wachsend. Die Änderung der Änderungsgeschwindigkeit nimmt mit der Zeit zu.

690. **a)** D = [6,3; 23,7]
b) Nach ca. 17 Tagen gibt es ca. 93 Erkrankte.
c) N″(10) = −0,4; Die Änderung der Anzahl der Erkrankungen nimmt ab. Die Anzahl der Neuerkrankungen nimmt ab.
d) nach ca. 8,3 Tagen
e) Die Erkrankungsrate ist ab t = 16,6 negativ. Nach ca 17 Tagen nimmt die Anzahl der Kranken ab.

691. **a)** D = [0; 5,8]
b) nach 4 Stunden
c) K(0,5) = 6,6 ml/l: Nach einer halben Stunde beträgt die Konzentration des Medikaments 6,6 ml/l
K′(0,5) = 0,8 ml/(l · h): Die momentane Änderung der Konzentration beträgt nach einer halben Stunde 0,8 ml/(l · h). Also steigt in diesem Moment die Konzentration des Medikamentes im Blut an.
K″(0,5) = −1,6 ml/(l · h^2): Die momentane Änderung der Konzentrationsänderung beträgt −1,6 ml/(l · h^2). Also steigt die Konzentration zwar an (siehe K′), aber die Steigerung der Konzentration nimmt ab.

692. **a)**

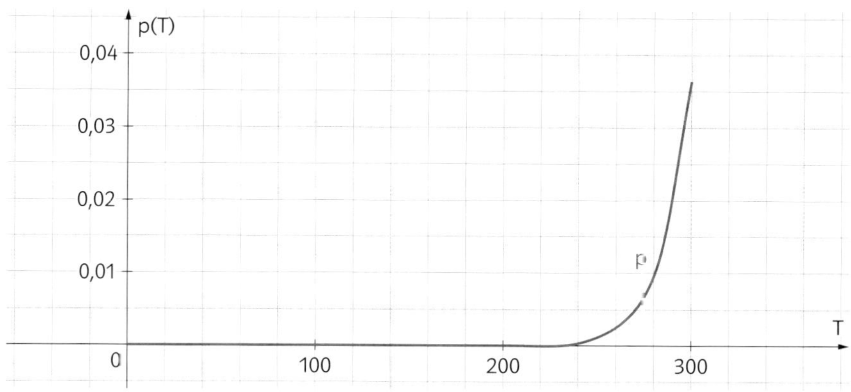

b) p′(290) = 0,0012 bar/K: Die momentane Druckänderung beträgt 0,0012 bar/K
c) p″(290) = 0,000072 bar/K^2: Die momentane Änderung der Druckänderung beträgt 0,000072 bar/K^2
d) p′(T) > 0: Die momentane Druckänderung ist immer positiv. Der Druck steigt mit zunehmender Temperatur.
p″(T) > 0: Die momentane Druckänderung ist immer steigend. Die momentane Druckänderung nimmt mit der Temperatur zu. Der momentane Druck steigt immer schneller mit der Temperatur.

693. **a)** $I(t) = \frac{3}{12\,500} e^{-\frac{1}{5}t}$

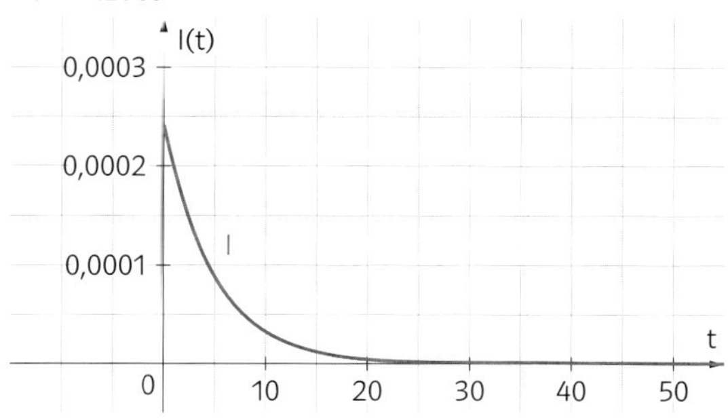

b) Q″(t): momentane Änderung der Stromstärke nach t Sekunden
c) Q(t) > 0: Die Ladung ist positiv
Q′(t) > 0: Die Stromstärke ist positiv. Die Ladung nimmt zu.
Q″(t) < 0: Die Änderung der momentanen Ladungsänderung ist negativ. Die momentane Änderung der Stromstärke ist negativ. Die Stromstärke nimmt momentan ab.
d) A, B, C, D, E

694. **a)** $s(t) = 0{,}2 \cdot \sin(18{,}85\,t)$
b) 0,2 m
c)

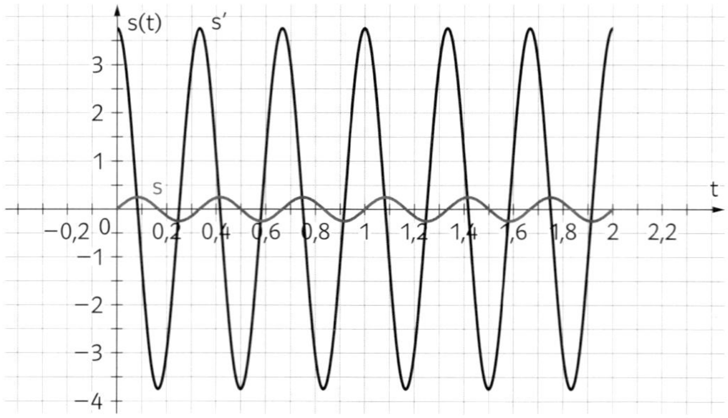

Das Pendel schwingt hinauf und hinunter. Die Geschwindigkeit ist an den Stellen größter Auslenkung gleich null und an den Stellen, wo das Pendel die Auslenkung null hat (durch die Ruhelage schwingt) ist die Geschwindigkeit maximal.

d) $s''(1) = -0{,}0316\,m/s^2$: Das Pendel hat eine negative Beschleunigung. Die Geschwindigkeit nimmt ab.

695. **a)** $P(t) = m\,a^2\,t$; Die Leistung steigt linear mit der Masse, quadratisch mit der Beschleunigung, linear mit der Zeit.
b) $E'(3) = 1500\,W$: Die Energie nimmt momentan um 1500 J/s zu. Die Leistung beträgt 1500 W.
$E''(3) = 500\,W/s$: Die momentane Änderung der Leistung beträgt 500 W/s.
c) durchschnittliche Leistung 1000 W;
momentane Leistung in der Mitte des Intervalls: $P(2) = 1000\,W$
Die beiden Werte sind gleich.

696. Musteraufgabe

697. Basislänge: $2r\sqrt{2}$ Schenkellänge: $2r$

698. $\varphi \approx 54{,}7°$

699. $\alpha = 60°$

700. Quadrat mit der Seitenlänge $\sqrt{A}$

701. Musteraufgabe

702. **a)** $x = 1{,}811$ **b)** $x = -1{,}431$ **c)** $x = -3{,}426$ **d)** $x = 1$ **e)** $x = 1{,}442$ **f)** $x = -1{,}260$

703. **a)** $x = 0{,}865$ rad **b)** $x = 1{,}099$ **c)** $x = 0{,}877$ rad **d)** $x = 20{,}086$

704. **a)** 0,839
b) weil die Stelle $x = 0$ eine waagrechte Tangente besitzt

705. **a)** $x = -2{,}3165$
b) weil man als erste Näherung $x = -1$ bekommt, als zweite Näherung wieder $x = 1$ u.s.w

706. Beim Startwert $x = 0$, weil an dieser Stelle die Funktion $f(x) = x^2 - 5$ eine waagrechte Tangente hat.

707. **a)** $\sqrt{2} = 1{,}41421$; $x_0 = 1$; $x_1 = 1{,}5$; $x_3 = 1{,}41667$; $x_4 = 1{,}41422$

b) $\sqrt{a}$ ist die Lösung der Gleichung $x^2 - a = 0$

Aus dem Newtonschen Näherungsverfahren ergibt sich:

$$x_{n+1} = x_n - \frac{x_n^2 - a}{2x_n} = x_n - \frac{x_n^2}{2x_n} + \frac{a}{2x_n} = x_n - \frac{1}{2}x_n + \frac{a}{2x_n} = \frac{1}{2}x_n + \frac{a}{2x_n} = \frac{1}{2} \cdot \left(x_n + \frac{a}{x_n}\right)$$

c) $x_{n+1} = \frac{1}{3} \cdot \left(2x_n + \frac{a}{x_n^2}\right)$

708. Wenn man sich verrechnet, dann hat man zwar einen falschen Näherungswert, von diesem aus, kann sich das Verfahren aber wieder der Lösung annähern.

709. Musteraufgabe

710. **a)** $p_2(x) = 0{,}75x^2 - 3{,}5x + 4$

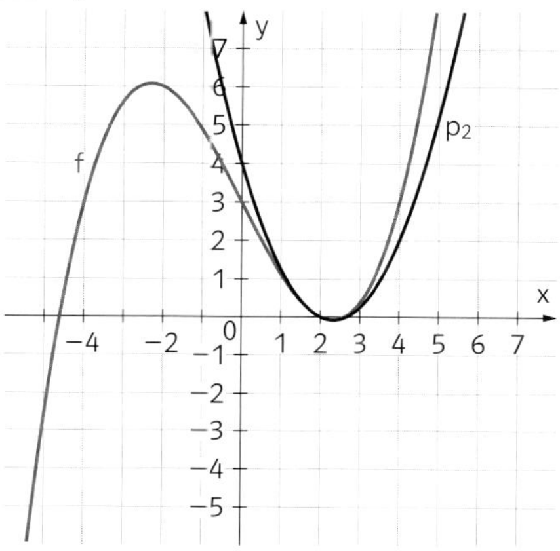

b) $p_2(x) = 3 + 5x - x^2$

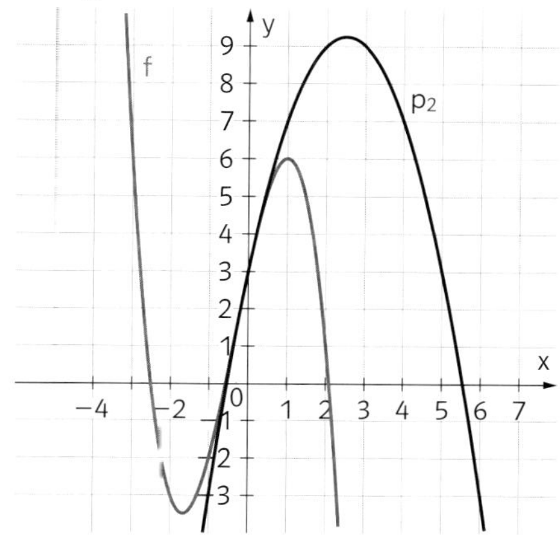

711. **a)** $p_3(x) = 3x^3 + 13x^2 + 18x + 11$

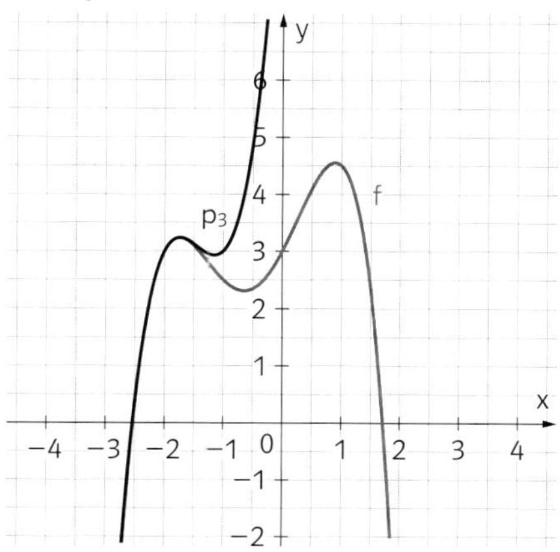

b) $p_3(x) = -1{,}5x^3 + x^2 + 2x + 3$

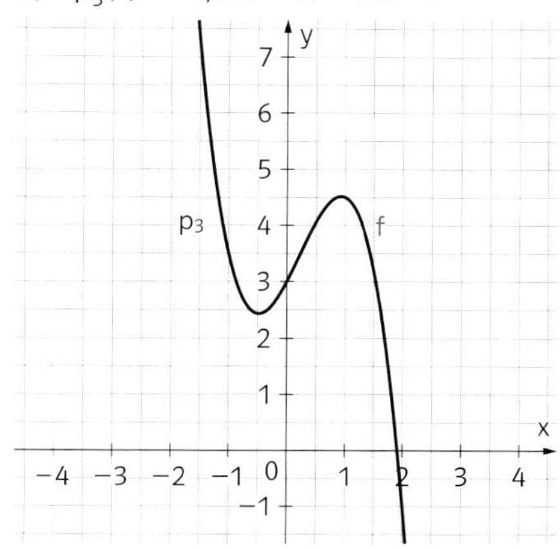

712. **a)** $\cos(x) \approx 1 - \frac{1}{2}x^2 + \frac{1}{24}x^4$

b) $e^x \approx 1 + x + \frac{1}{2}x^2 + \frac{1}{6}x^3 + \frac{1}{24}x^4 + \frac{1}{120}x^5$

c) $2x - 2x^2 + \frac{8}{3}x^3 - 4x^4 + \frac{32}{5}x^5 - \ln(2)$

d) $1 + \frac{1}{2}x - \frac{1}{8}x^2 + \frac{1}{16}x^3 - \frac{5}{128}x^4 + \frac{7}{256}x^5$

713. a) $p_3 = x - \frac{1}{24}x^3$; $p_5 = x - \frac{1}{24}x^3 + \frac{1}{1920}x^5$

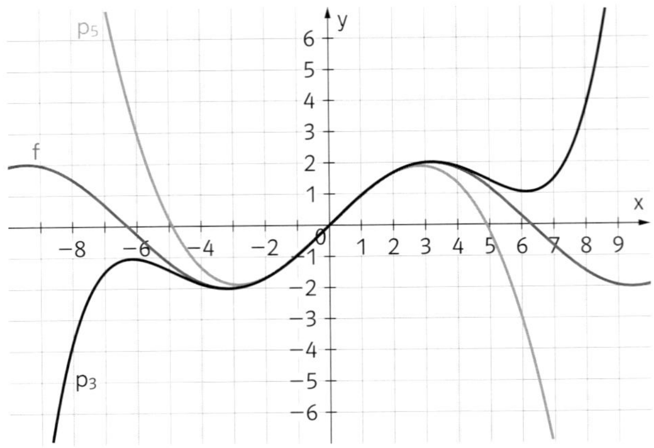

b) $p_3 = 1 + x + x^2 + x^3$; $p_5 = 1 + x + x^2 + x^3 + x^4 + x^5$

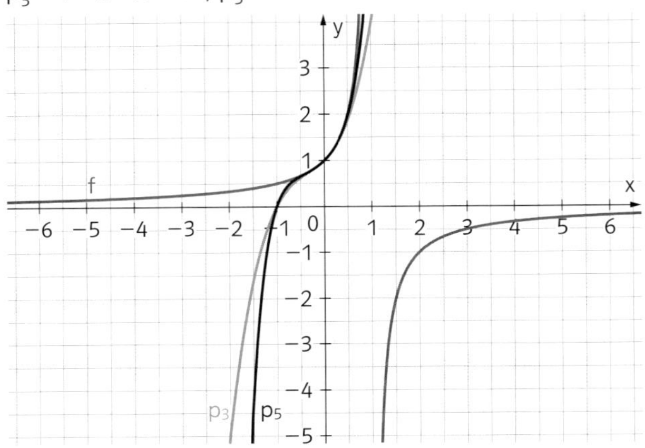

c) $p_3 = 1 - x + \frac{1}{2}x^2 - \frac{1}{6}x^3$; $p_5 = 1 - x + \frac{1}{2}x^2 - \frac{1}{6}x^3 + \frac{1}{24}x^4 - \frac{1}{120}x^5$;

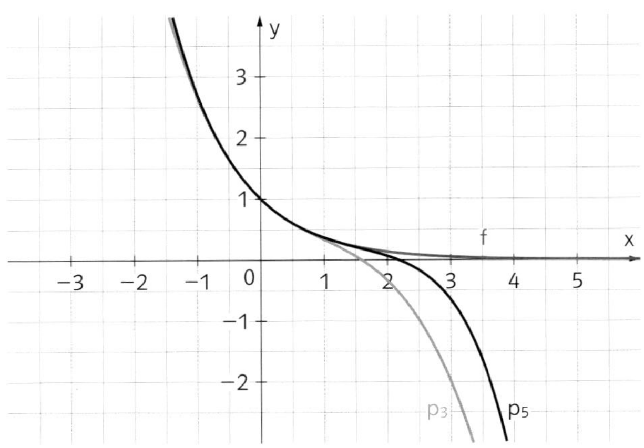

d) $p_3 = 1 + x^2$; $p_5 = 1 + x^2 + x^4$

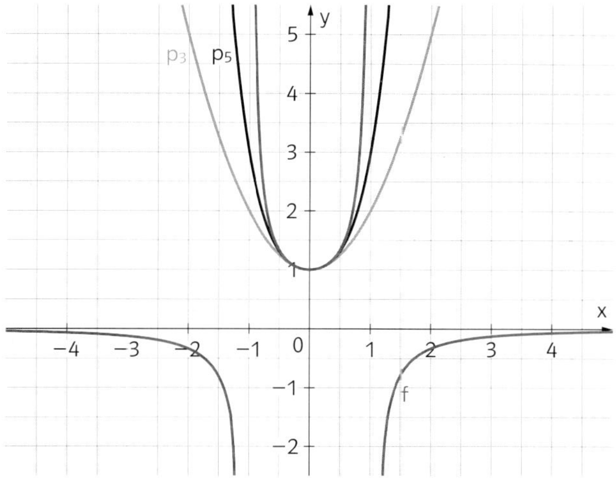

714. $f(x) = f(0) + f'(0) \cdot x = d + k \cdot x$

715. Musteraufgabe

716. **a)** 0,5 **b)** $\approx 1{,}649$ **c)** $\approx 0{,}050$ **d)** $\approx 0{,}707$

717. **a)** $\ln(x+1) \approx x - \left(\frac{1}{2}\right)x^2 + \left(\frac{1}{3}\right)x^3 - \left(\frac{1}{4}\right)x^4 + \left(\frac{1}{5}\right)x^5$

b) $\approx 0{,}095$

c) $f(2) \approx 1{,}0986$;

1\. Näherung = 2   2. N = 0   3. N = 2,67   4. N = −1,33   5. N = 5,07

d)

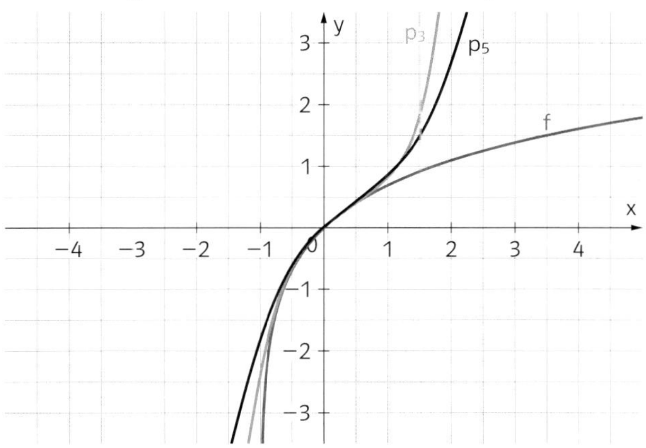

Weil die Taylorpolynome ab der Stelle $x = 1$ stark vom Graph von $f(x)$ abweichen.

718. **a)** Das Betriebsoptimum ist die Produktionsmenge, bei der die Stückkostenfunktion $\overline{K}$ ihr Minimum hat. Das Betriebsoptimum liegt bei 43,09 ME.
Die minimalen Stückkosten sind $\overline{K}(43{,}09) = 99{,}62$ GE.
$K'(x)$ wird als Grenzkostenfunktion bezeichnet. Es gilt: $K'(43{,}09) = 99{,}62 = \overline{K}(43{,}09)$
Die minimalen Stückkosten sind gleich der Grenzkosten.

b) Sachzusammenhang: Der Verkaufspreis pro Stück beträgt 80 GE
Geometrisch: Die Steigung der homogenen linearen Funktion ist 80.
A; D; E

719. **a)** $x \in [0; R]$; weil der Abstand x nicht größer als der Rohrradius R sein kann.

b) Größte Fließgeschwindigkeit herrscht bei $x = 0$. $v_{max} = 5\,m/s$

c) $\approx -8{,}33\,m/(s \cdot m)$; die durchschnittliche Änderung der Fließgeschwindigkeit in diesem Intervall

d) Die momentane Änderung der Fließgeschwindigkeit ist überall negativ, also nimmt die Fließgeschwindigkeit im Intervall [0; 0,3] mit zunehmendem x ab. Die momentane Änderung der Fließgeschwindigkeit nimmt linear ab.

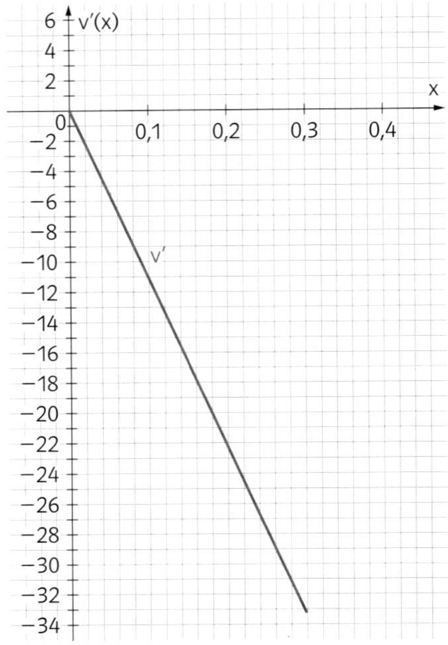

e) A, B, C

720.–727. Selbstkontrolle (Lösungen im Schulbuch)

728.–732. Kompetenzcheck (Lösungen im Schulbuch)

Lösungen Reflexionsseite „Mathe und NAWI"

733. Diese Lösung ist nur ein Lösungsvorschlag. Es sind auch andere richtige Antworten möglich, sofern sie nachvollziehbar begründet sind.

1) 5. Kästchen
Galileo Galilei behauptet, dass die Mathematik zur Beschreibung der Natur passt, weil die Natur in der Sprache der Mathematik geschrieben ist.

2) 3. Kästchen
Weil Popper hier davon spricht, dass naturwissenschaftliche Erkenntnisse ständig in Gefahr sind, widerlegt zu werden.

3) 4. Kästchen
Einstein behauptet hier, dass die Wahrscheinlichkeitsrechnung nicht als endgültige Erklärung der Natur passen kann.

4) 1. Kästchen
Einstand sagt etwas darüber aus, womit sich die Mathematik beschäftigt.

5) 2. Kästchen
Hier wird etwas über die Arbeitsweise der Mathematik ausgesagt.

6) 3. Kästchen
Es wird etwas über die Sicherheit der mathematischen Erkenntnisse ausgesagt.

7) 5. Kästchen
Weil hier behauptet wird, dass die Grundlage der Naturerforschung die Mathematik ist.

8) 4. Kästchen
Weil hier behauptet wird, dass Mathematik die Naturlehren erst zu Wissenschaften macht. Enthält eine Aussage über die Natur also keine Mathematik, kann man laut Kant also gar nicht von wissenschaftlicher Erkenntnis sprechen.

Lösungen Einschub mündliche Matura

734. **a)** 1 m = 100 cm, 1,2 m = 120 cm

$A_{ursprünglich} = 100 \cdot 120 \Rightarrow 12\,000\,cm^2$

$A_{Rahmen} = \frac{100 \cdot 120}{3} \Rightarrow 4\,000\,cm^2$

$A_{Rest} = \frac{100 \cdot 120}{3} \cdot 2 \Rightarrow 8\,000\,cm^2$

$(120 - 2x)(100 - 2x) = 8\,000$

$12\,000 - 200x - 240x + 4x^2 = 8\,000$

$4x^2 - 440x + 4\,000 = 0 \quad | :4$

$x^2 - 110x + 1\,000 = 0$

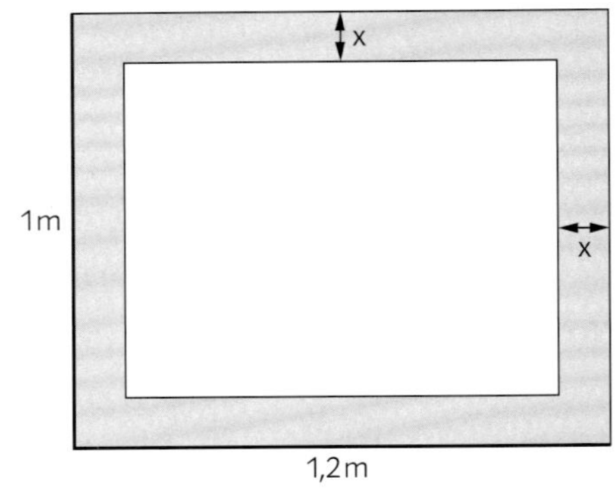

b) L = {10; 100}

Die Breite des Rahmens beträgt 10 cm (100 cm wäre unrealistisch).

c) 1. Schritt:

$x^2 + p \cdot x + q = 0 \quad | -q$

$x^2 + p \cdot x = -q$

2. Schritt: Die linke Seite wird auf ein vollständiges Quadrat ergänzt (so, dass eine binomische Formel angewandt werden kann) und als Binom angeschrieben.

$x^2 + p \cdot x = -q \quad | +\left(\frac{p}{2}\right)^2$ $\quad x^2 + p \cdot x + \left(\frac{p}{2}\right)^2 = +\left(\frac{p}{2}\right)^2 - q \; \left(x + \frac{p}{2}\right)^2 = \left(\frac{p}{2}\right)^2 - q$

3. Schritt: Durch Umformen erhält man die Lösungen der Gleichung:

$\left(x + \frac{p}{2}\right)^2 = \left(\frac{p}{2}\right)^2 - q \quad | \pm \sqrt[2]{}$

$x + \frac{p}{2} = \pm \sqrt[2]{\left(\frac{p}{2}\right)^2 - q} \quad | -\frac{p}{2}$

$x_{1,2} = -\frac{p}{2} \pm \sqrt[2]{\left(\frac{p}{2}\right)^2 - q}$

kleine Lösungsformel

d) Da man jede quadratische Gleichung auf die Form $ax^2 + bx + c = 0$ bringen kann, entsprechen die Lösungen der quadratischen Gleichung den Nullstellen der Funktion f mit $f(x) = ax^2 + bx + c$. Der Graph einer quadratischen Funktion ist immer eine Parabel. Diese hat keine Nullstelle, wenn die quadratische Gleichung keine reelle Lösung besitzt, eine Nullstelle, wenn die Gleichung eine und zwei Nullstellen, wenn sie zwei Nullstellen hat.

$g(x) = x^2 + 2$ keine reelle Nullstelle

$f(x) = x^2$ eine Nullstelle (Doppelnullstelle)

$h(x) = x^2 - 2$ zwei reelle Nullstellen

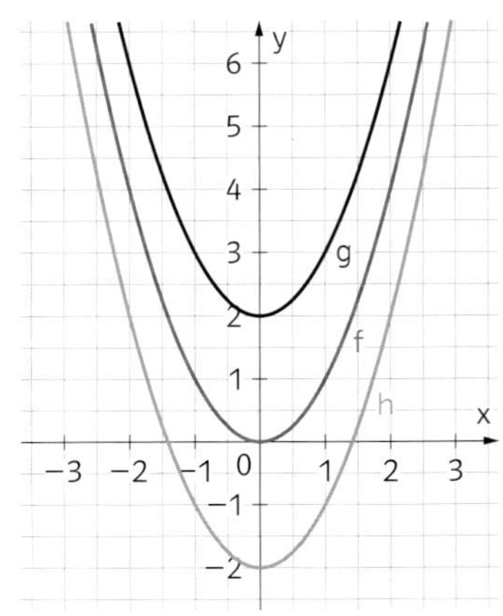

735. **a)** Tabelle: detaillierter, man kann die Werte genauer ablesen, allerdings sind Tabellen nicht sehr anschaulich, man kann Tendenzen schlechter erkennen
Säulendiagramm: genaue Werte nicht ablesbar, Tendenzen lassen sich aber gut erkennen, Werte lassen sich „mit einem Blick" vergleichen

b) Das 2. Quartil ist der Median. Es ist der Wert in der Mitte einer geordneten Datenreihe mit einer ungeraden Anzahl an Werten bzw. der Mittelwert der zwei Werte in der Mitter einer geordneten Datenreihe mit einer geraden Anzahl an Daten. In ca. 50 % der Jahre von 2003–2012 war die Anzahl der Kfz-Diebstähle niedr ger oder gleich dieser Wert, in ca. 50 % höher.

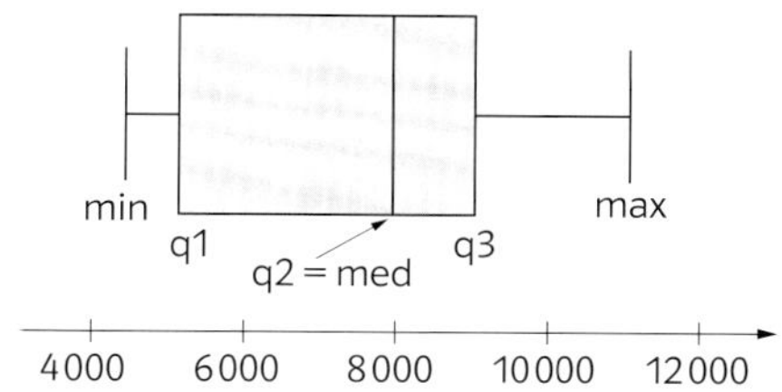

c) Der Median ist am geeignetsten. Es ist kein Modus vorhanden und das arithmetische Mittel zu verwenden, ist wegen der Ausreißer problematisch (wäre aber auch möglich, gibt an wie viele Autos jährlich im Durchschnitt gestohlen wurden).

d) $\frac{7802 - 11089}{11089} \approx -0{,}29$

Bezogen auf das Jahr 2005 ist die Anzahl der Kfz-Diebstähle Jahr 2007 um ungefähr 29 % gesunken.

736. **a)** $L = \{3; -1 - 2i; -1 + 2i\}$
Vorgangsweise: z.B. mittels Polynomdivision oder Technologieeinsatz

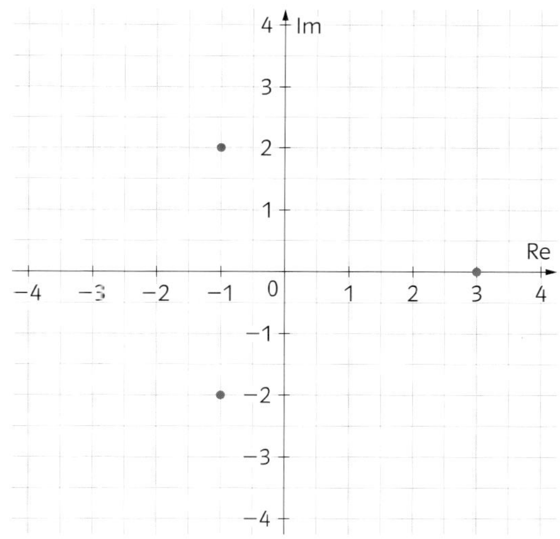

b) komplexe Zahl:
Zahl aus der Menge $\mathbb{C}$

imaginäre Einheit:
i; $i^2 = -1$

konjugiert-komplexe Zahlen:
Zahlen, die sich nur durch das Vorzeichen vor dem imaginären Teil unterscheiden

Gauß'sche Zahlenebene:
Koordinatensystem in welchem man komplexe Zahlen darstellen kann

Polardarstellung:
Darstellungsmöglichkeit von Zahlen in einem Koordinatensystem

c) Der Fundamentalsatz der Algebra besagt, dass jede algebraische Gleichung vom Grad $n \geqslant 1$ mindestens eine Lösung in $\mathbb{C}$ besitzen (reelle Lösungen gibt es aber nicht immer).

d) Bei $x = 3$ besitzt der Graph der Funktion eine Nullstelle. Da die beiden anderen Lösungen komplex sind, gibt es nur diese eine Nullstelle.

e) Wenn die x-Achse nicht geschnitten, sondern nur berührt wird, liegt eine Doppelnullstelle vor.

9 Diskrete Zufallsvariablen

Kapitel 9
m8n7ks

737. **a)** $\Omega = \{(1, 2), (1, 3), (1, 4); (1, 5), (2, 1), (2, 3), (2, 4), (2, 5), (3, 1), (3, 2), (3, 4), (3, 5), (4, 1), (4, 2), (4, 3), (4, 5), (5, 1), (5, 2), (5, 3), (5, 4)\}$
Der Grundraum enthält 20 Elemente.
b) $E_1 = \{(3, 1), (3, 2), (3, 4), (3, 5)\}$ 4 Elemente
c) $E_2 = \{(2, 5), (3, 4), (4, 3), (5, 2)\}$ 4 Elemente
d) $P(E_1) = P(E_2) = \frac{1}{5}$

738. Musteraufgabe

739. **a)** 5
b) (1; 4); (2; 5); (3; 6); (4; 1); (5; 2); (6; 3)
c) (K; Z); (Z; K)
d) T … Treffer K … kein Treffer
(TTKK); (TKTK); (KTTK); (KTKT); (TKKT); (KKTT)

740. **a)** (1) (wss); (sws); (ssw) (2) Es werden weniger als zwei schwarze Kugeln gezogen.
b) a … angeschnallt n … nicht angeschnallt
(1) (aannn); (anann); (annan); (annna); (nanna); (nnana); (nnnaa); (naann); (nnaan); (nanan)
(2) Mindestens vier Autofahrer sind nicht angeschnallt.
c) r … Antwort richtig f … Antwort falsch
(1) (rrrrrrrrrf); (rrrrrrrrfr); (rrrrrrrfrr); (rrrrrrfrrr); (rrrrrfrrrr); (rrrrfrrrrr); (rrrfrrrrrr); (rrfrrrrrrr); (rfrrrrrrrr); (frrrrrrrrr)
(2) Es sind mehr als vier aber höchstens sieben Fragen richtig beantwortet.

741. 1) $X = 0, 1, 2, 3$
2)

Anzahl der Sechser x	0	1	2	3
f(x)	0,5787	0,3472	0,0694	0,0046

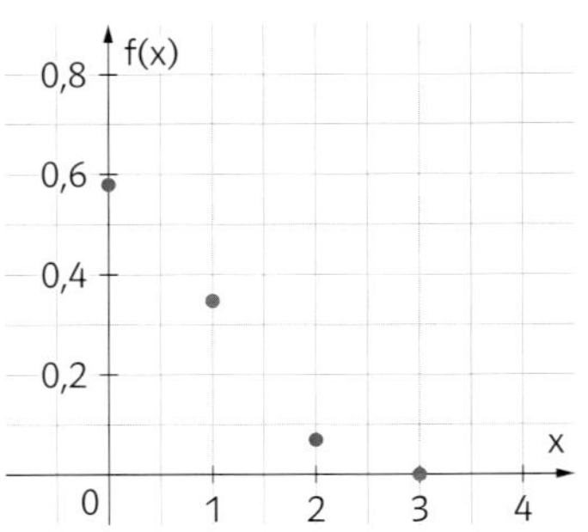

742. 1) $X = 0, 1, 2, 3$
2)

Zahl-Würfe x	0	1	2	3
f(x)	0,125	0,375	0,375	0,125

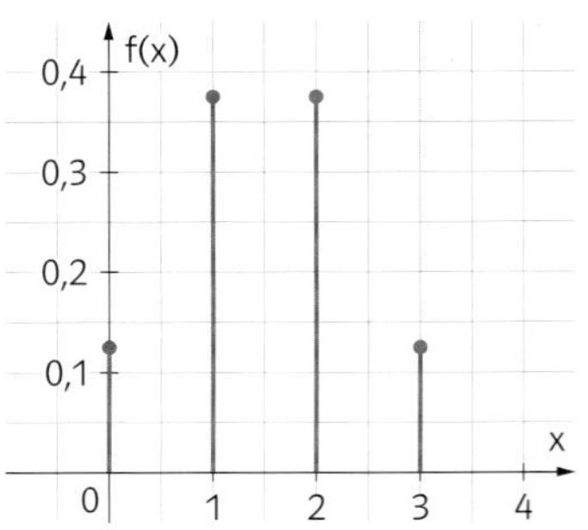

743.

a	1	2	3	4
f(a) = P(X = a)	$\frac{1}{4}$	$\frac{1}{4}$	$\frac{1}{4}$	$\frac{1}{4}$

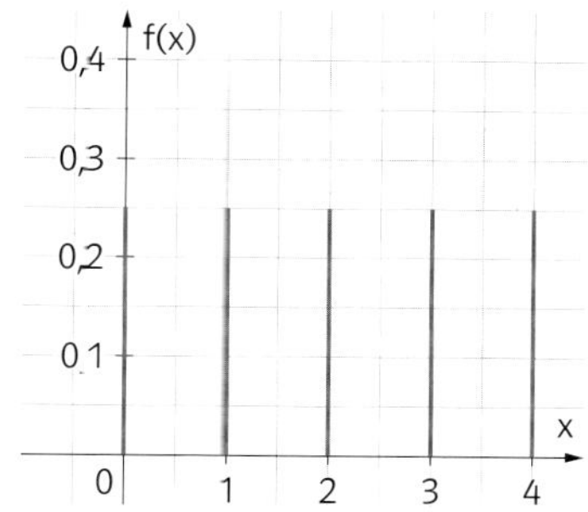

744. **a)** 1) X = 3, 4, 5, 6, 7

2) X = 1, 2, 3

b) 1)

x	3	4	5	6	7
f(x)	$\frac{1}{6}$	$\frac{1}{6}$	$\frac{1}{3}$	$\frac{1}{6}$	$\frac{1}{6}$

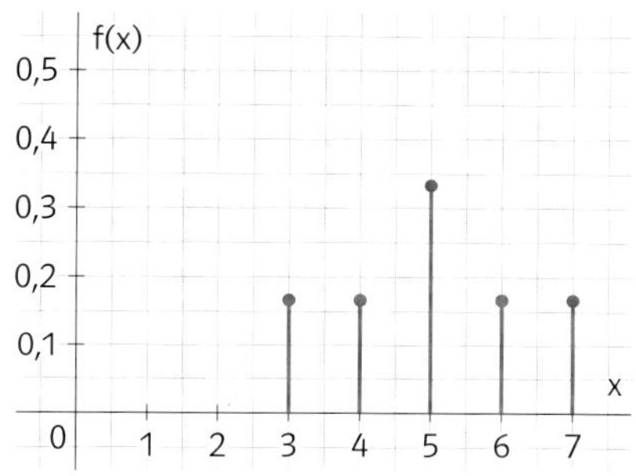

2)

x	1	2	3
f(x)	$\frac{1}{2}$	$\frac{1}{3}$	$\frac{1}{6}$

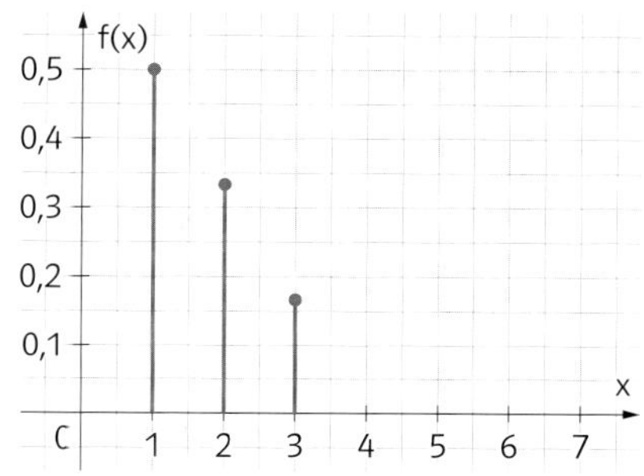

745. **a)** X = 1, 2, 3

b)

x	1	2	3
f(x)	$\frac{1}{2}$	$\frac{1}{3}$	$\frac{1}{6}$

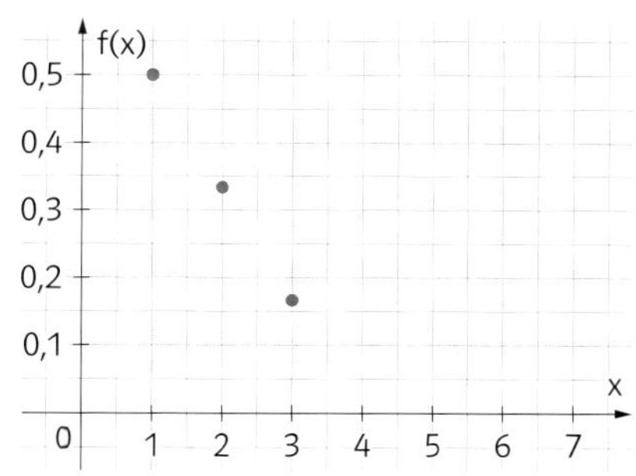

746. **a)** 1) Y = 2, 3, 4, 5, 6

2) Y = 1, 2, 3, 4, 6, 9

b) 1)

x	2	3	4	5	6
f(x)	$\frac{1}{4}$	$\frac{1}{3}$	$\frac{5}{18}$	$\frac{1}{9}$	$\frac{1}{36}$

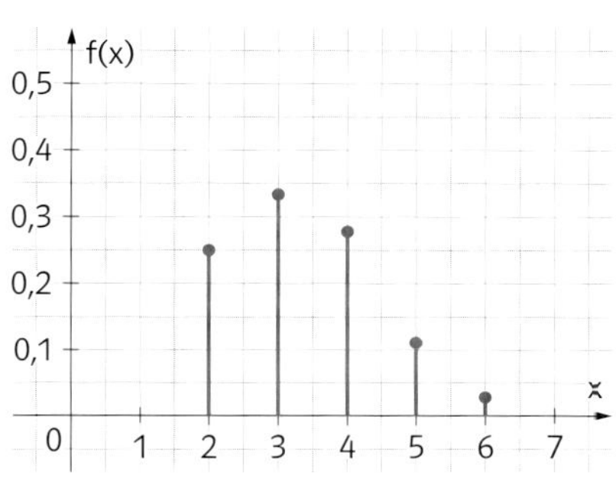

2)

x	1	2	3	4	6	9
f(x)	$\frac{1}{4}$	$\frac{1}{3}$	$\frac{1}{6}$	$\frac{1}{9}$	$\frac{1}{9}$	$\frac{1}{36}$

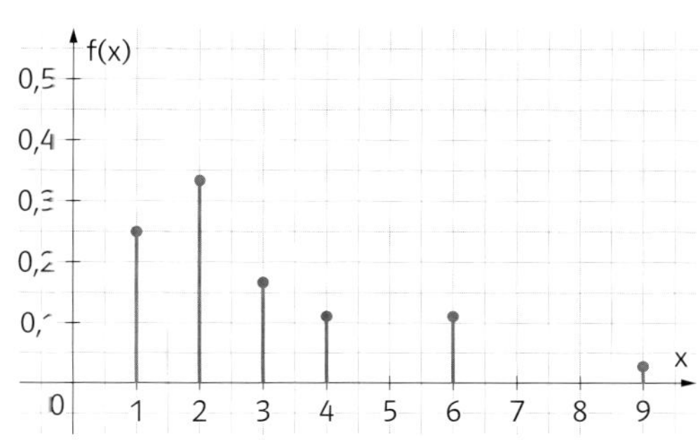

747. **a)** 1) S = 2, 3, 4, 5, 6 2) S = 0, 1, 2

b) 1)

x	2	3	4	5	6
f(x)	$\frac{1}{36}$	$\frac{1}{6}$	$\frac{13}{36}$	$\frac{1}{3}$	$\frac{1}{9}$

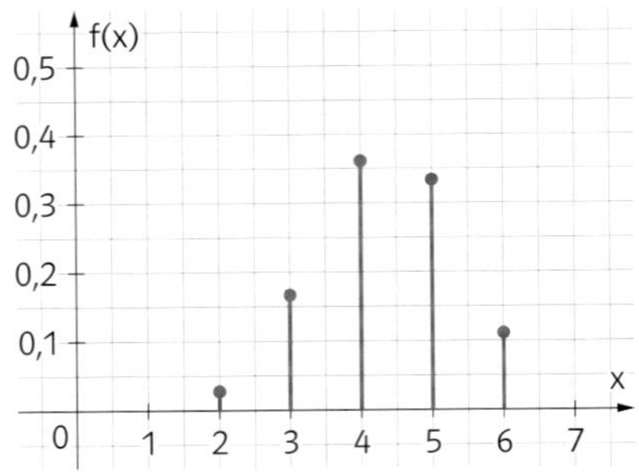

2)

x	0	1	2
f(x)	$\frac{7}{18}$	$\frac{1}{2}$	$\frac{1}{9}$

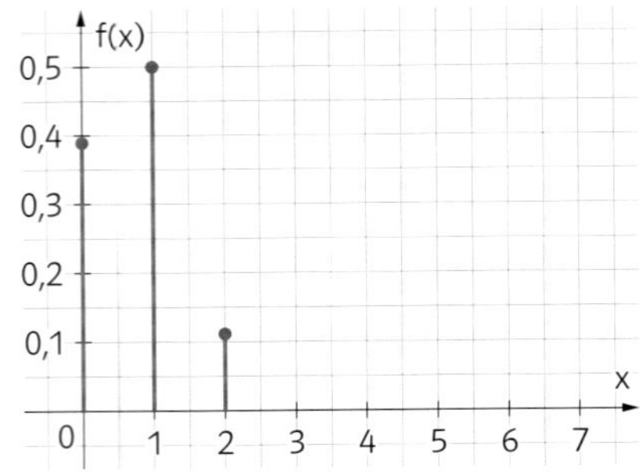

748. **a)** A = 0, 1, 2, 3, 4

b)

x	0	1	2	3	4
f(x)	0,1975	0,3951	0,2963	0,0988	0,0123

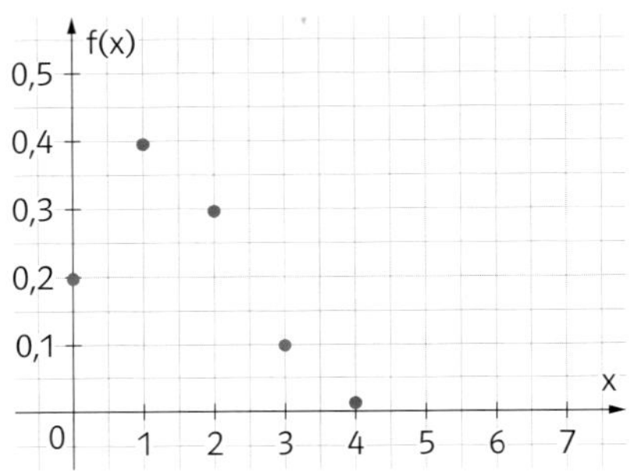

749.

x	0	1	2	3
f(x)	$\frac{28}{57}$	$\frac{8}{19}$	$\frac{8}{95}$	$\frac{1}{285}$

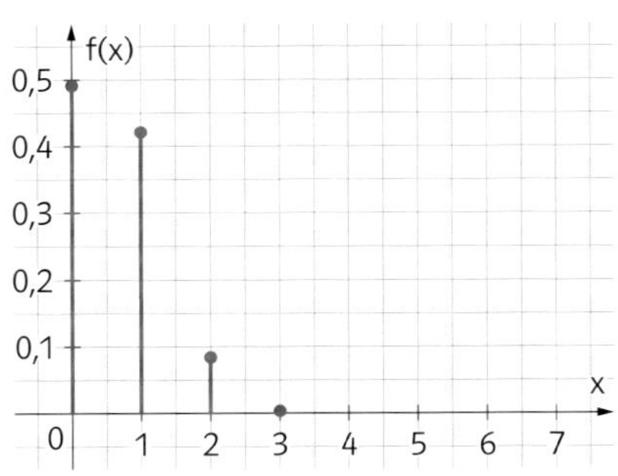

750.

x	0	1	2	3
f(x)	0,1106	0,3594	0,3894	0,1406

751. **a)** 0,58 **b)** 0,21 **c)** 0,88

752. Musteraufgabe

753. $F(X \leq 0) = 0{,}25$ $F(X \leq 1) = 0{,}75$ $F(X \leq 2) = 1$

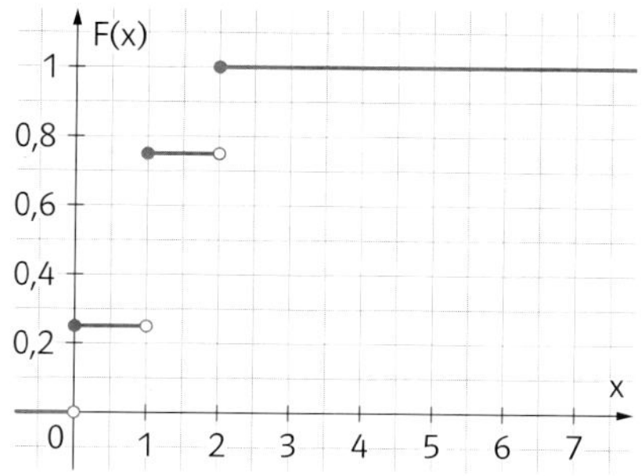

754. a) $X = 1, 2, 3, 4$

b)

x	1	2	3	4
f(x)	0,08	0,0736	0,067712	0,06229504

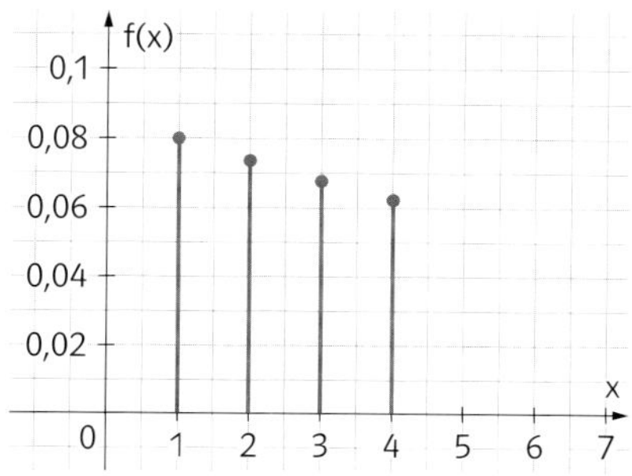

c) $F(1) = P(X \leq 1) = 0{,}08$ $F(2) = P(X \leq 2) = 0{,}1536$ $F(3) = P(X \leq 3) = 0{,}221312$ $F(4) = P(X \leq 4) \approx 0{,}28361$

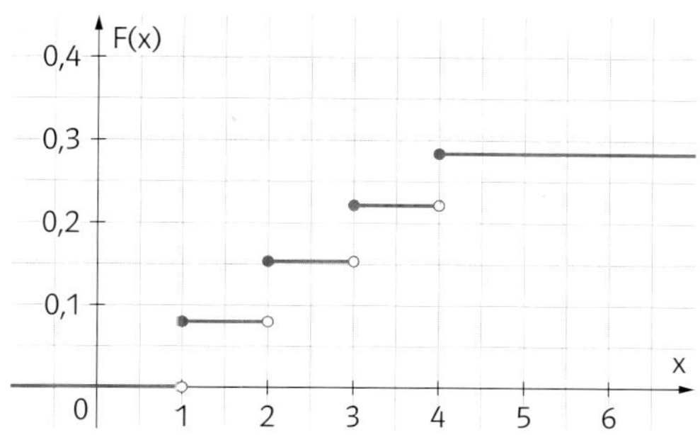

755. a) $X = 1, 2, 3, 4, 5, 6$

b)

x	1	2	3	4	5	6
f(x)	0,167	0,139	0,1157	0,096	0,0804	0,06698

c) $F(1) = 0{,}167$ $F(2) = 0{,}306$ $F(3) = 0{,}4217$ $F(4) = 0{,}5177$ $F(5) = 0{,}5981$ $F(6) = 0{,}66508$

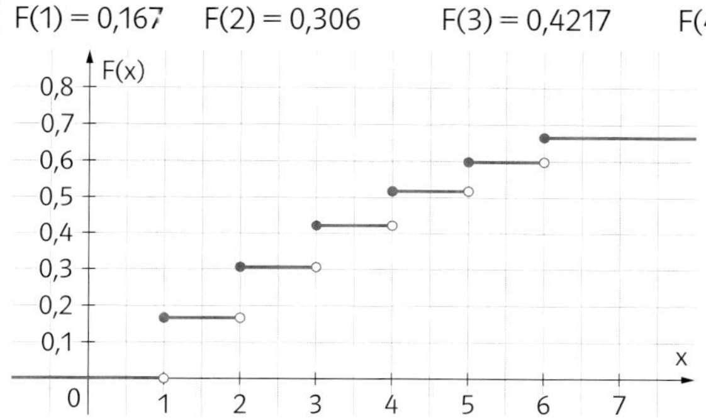

d) $P(2 \leq X \leq 4) = 0{,}3507$
Es ist die Wahrscheinlichkeit, dass frühestens beim zweiten und spätestens beim vierten Wurf ein Sechser gewürfelt wird.

e) $P(X > 4) = 0{,}14738$
Es ist die Wahrscheinlichkeit, dass beim fünften oder sechsten Wurf ein Sechser gewürfelt wird.

756. a) $K = 0, 1, 2, 3$

b)

x	0	1	2	3
f(x)	0,0034	0,0574	0,3251	0,6141

c) $F(0) = 0{,}0034$ $F(1) = 0{,}0608$ $F(2) = 0{,}3859$ $F(3) = 1$

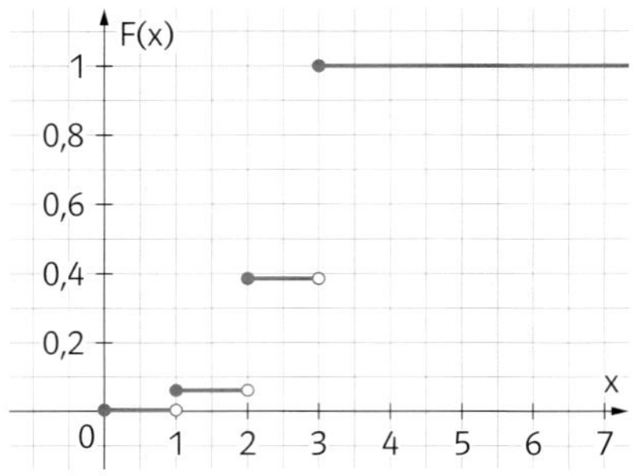

757. **a)** $G = -2, 1, 2$

b)

x	−2	1	2
f(x)	0,25	0,5	0,25

c) $F(-2) = 0{,}25$ $F(1) = 0{,}75$ $F(2) = 1$

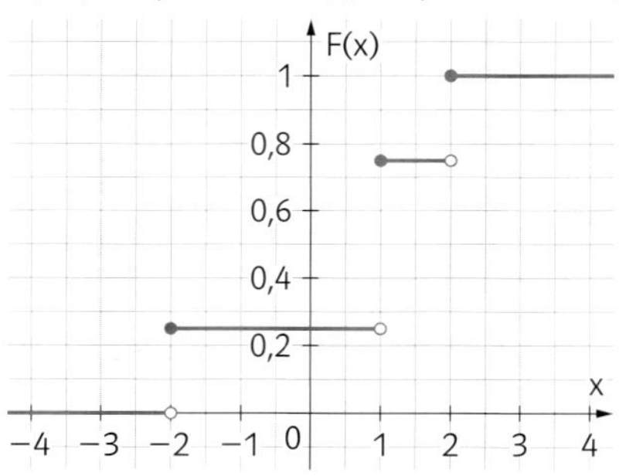

d) $P(G \geq 1) = 0{,}75$
Es ist die Wahrscheinlichkeit, dass der Gewinn mindestens 1 Euro beträgt.

e) $P(G < 2) = 0{,}75$
Es ist die Wahrscheinlichkeit, dass der Gewinn unter 2 Euro beträgt.

758. B; D

759. A; C; E

760. a) 3,85 m b) 3,06

761. Musteraufgabe

762. a) $\mu = E(X) = 0{,}56$ € b) $\mu = E(Y) = -0{,}44$ €

763. $\mu = E(X) = 3{,}5$
Im langfristigen Mittel ist mit einer durchschnittlichen Augenzahl 3,5 zu rechnen.

764. a)

x	$-10\,€$	$10\,€$
f(x)	$\frac{19}{37}$	$\frac{18}{37}$

b) $\mu = E(X) = -0{,}27\,€$

765. $\mu = E(X) = -\frac{a}{37}$ (a … Wert des gesetzten Jetons)

766. Der Durchschnitt des Gewinns des Spielers bleibt im langfristen Mittel unter seinem Einsatz bzw. wird sogar negativ. Aus der Sicht des Casinos handelt es sich nicht um Glücksspiele, da das Casino höhere Gewinnchancen als der Spieler hat.

767. $\mu = E(X) = 15{,}2\,€$

768. a) $\mu = E(X) = 3{,}33\,€$ b) $\mu = E(Y) = 2{,}78\,€$

769. a) $f(0) = 0{,}216$ $f(1) = 0{,}432$ $f(2) = 0{,}288$ $f(3) = 0{,}064$

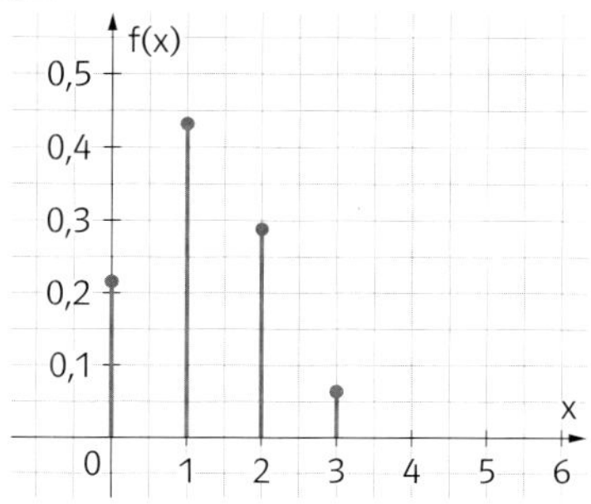

b) $P(X \geq 1) = 0{,}784$

c) $\mu = E(X) = 1{,}2$

Im langfristigen Mittel werden im Durchschnitt 1,2 schwarze Kugeln bei diesem Zufallsexperiment gezogen.

770. a) $\mu = E(Y) = 3{,}4$ b) $\mu = E(Y) = 5{,}5$

771. Musteraufgabe

772. $E(X) = -0{,}25\,€$ $\sigma = 0{,}8165\,€$

Im langfristigen Mittel macht der Spieler durchschnittlich einen Verlust von 0,25 € mit einer Streuung von 0,8165 €.

$E(Y) = 0{,}25\,€$ $\sigma = 0{,}8292\,€$

Im langfristigen Mittel macht der Spieler einen durchschnittlichen Gewinn von 0,25 € mit einer Streuung von 0,8292 €.

773. a) $E(X) = 3{,}5\,€$ $V(X) = 14{,}65$ $\sigma \approx 3{,}83$

b) $E(X) = -0{,}5\,€$ $V(X) = 30{,}65$ $\sigma \approx 5{,}54$

Der Spieleanbieter dürfte einen Einsatz von 3,50 € verlangen, damit das Spiel als fair bezeichnet werden kann.

774. $E(X) = 2$ $V(X) = 0{,}4$ $\sigma \approx 0{,}63$

775. a) $E(X) = 0{,}55$ $V(X) \approx 44{,}70$ $\sigma \approx 6{,}69$

b) $E(Y) = -4{,}45\,€$ $V(Y) \approx 65{,}1$ $\sigma \approx 8{,}07$

776. **a)** $E(X) = 0{,}09$ $V(X) = 0{,}0873$ $\sigma \approx 0{,}2955$

Im langfristigen Mittel ist mit durchschnittlich 0,09 defekten Teilen mit einer Streuung von 0,2955 zu rechnen.

b) $E(Y) = -7{,}2$ € $V(Y) = 558{,}72$ $\sigma \approx 23{,}64$

Im langfristigen Mittel ist durch die defekten Teile mit einem Verlust von durchschnittlich 7,2 € mit einer Streuung von 23,64 zu rechnen.

777. $E(X) \approx 0{,}03361$ Geräte $\sigma \approx 0{,}1823$

778. **a)** $f(0) = 0{,}6561$ $f(1) = 0{,}2916$ $f(2) = 0{,}0486$ $f(3) = 0{,}0036$ $f(4) = 0{,}0001$

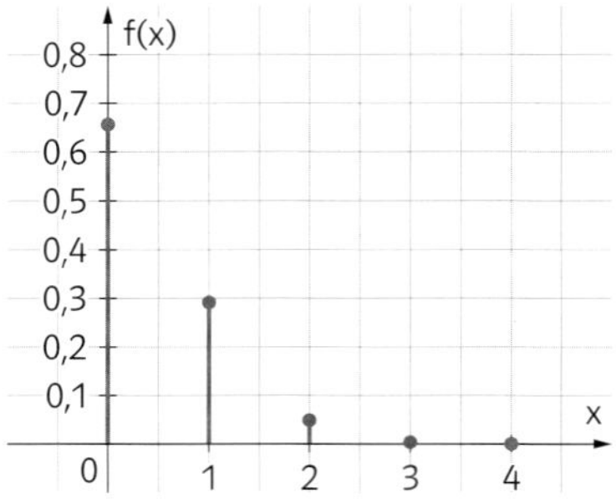

b) $F(0) = 0{,}6561$ $F(1) = 0{,}9477$ $F(2) = 0{,}9963$ $F(3) = 0{,}9999$ $F(4) = 1$

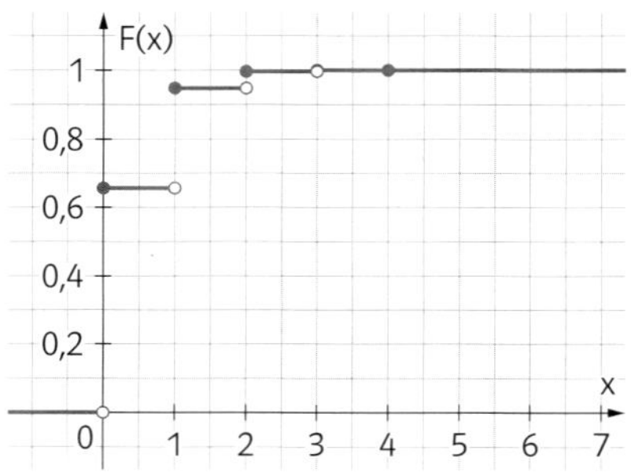

c) $\mu = 0{,}4$ $\sigma = 0{,}6$

Im langfristigen Mittel ist bei vier kontrollierten Fahrgästen durchschnittlich mit 0,4 Schwarzfahrern mit einer Streuung von 0,6 zu rechnen.

779. $E(X) \approx -0{,}361$ € $\sigma \approx 0{,}976$

Im langfristigen Mittel erzielt der Spieler durchschnittlich einen Verlust von 0,361 € mit einer Streuung von 0,976.

780. **a)** $X = 2, 3, 4, 5, 6$

$f(2) = \frac{4}{36}$ $f(3) = \frac{8}{36}$ $f(4) = \frac{12}{36}$ $f(5) = \frac{8}{36}$ $f(6) = \frac{4}{36}$ $\mu = 4$

b) $e = 1{,}50$ €

Das Spiel ist fair, wenn im langfristigen Mittel weder der Spieler noch der Spieleanbieter Verluste oder Gewinne macht. Spielt man das Spiel daher sehr oft, so macht der Anbieter auf lange Sicht im Mittel keinen Gewinn.

c)

Auszahlungsbetrag in x €	0	2	3	4	5
P(X = x)	0,2	0,3	0,2	0,2	0,1

$\sigma \approx 1{,}57$

781.–787. Selbstkontrolle (Lösungen im Schulbuch)

Lösungen Reflexionsseite „Simpson Paradoxon"

788. Betrachtet man die gesamte Stadtbevölkerung so sind $\frac{80}{9000} \approx 0{,}9\,\%$ der Personen mit höherem Bildungsabschluss und $\frac{62}{4000} \approx 1{,}6\,\%$ der Personen ohne höheren Bildungsabschluss kriminell.

Betrachtet man die Stadtteile, so sind in der Innenstadt 0,3 % der Personen mit höherem Bildungsabschluss und 0,2 % der Personen ohne höheren Bildungsabschluss kriminell.
In den Außenbezirken sind 2 % der Personen mit höherem Bildungsabschluss und 2 % der Personen ohne höheren Bildungsabschluss kriminell.
Der Grund für die Kriminalität könnte also eher in der geographischen Lage liegen.

10 Binomialverteilung und weitere Verteilungen

Kapitel 10
3h8n47

789. 72

790. 30

791. a) 30 b) 60

792. 15

793. a) 6 z.B. Wie viele verschiedene dreistellige Zahlen können mit den Ziffern 3, 8 und 9 gebildet werden?
b) 5 040 z.B. Auf wie viele verschiedene Arten können sieben Personen an einem Tisch mit sieben Stühlen Platz nehmen?
c) 3 628 800 z.B. Wie viele verschiedenen zehnstellige Codes können mit den Ziffern 1 bis 5 und den Buchstaben A, B, C, D und E gebildet werden?
d) ca. $1{,}31 \cdot 10^{12}$ z.B. Auf wie viele unterschiedliche Arten können sich 15 Personen hintereinander aufstellen?

794. 40 320

795. ~~720~~ 8! = 40320

796. 6 Zahlen

797. a) 120 b) 362 880 c) 479 001 600

798. 15 120 Zahlen

799. 504 Möglichkeiten

800. 19 958 400 Möglichkeiten

801. 4 896 Möglichkeiten

802. a) 1680 Kennnummern b) ca. $2{,}23 \cdot 10^{19}$ Möglichkeiten

803. 10 000 Einstellungsmöglichkeiten

804. 59 049 Einstellungsmöglichkeiten

805. $62^5 = 916\,132\,832$ Codes

806. $3^{12} = 531\,441$ Tipps

807. a) $2^8 = 256$ verschiedene Bytes
b) 1 Megabyte = 10^6 Bytes ⇒ $256 \cdot 10^6$ verschiedene Megabytes
c) 1 Gigabyte = 10^9 Bytes ⇒ $256 \cdot 10^9$ verschiedene Gigabytes
d) 1 Terabyte = 10^{12} Bytes ⇒ $256 \cdot 10^{12}$ verschiedene Terabytes

808. a) 190 Spiele b) 300 Spiele

809. a) 252 Komitees b) 8 568 Komitees

810. 462 Möglichkeiten

811. 28 Paarungen

812. 56 Arten

813. $\binom{11}{4}$ gibt die Anzahl der unterschiedlichen Möglichkeiten an, von elf Spielern vier auszuwählen.

814. $\binom{12}{8}$ gibt die Anzahl der unterschiedlichen Möglichkeiten an, von zwölf Schauspielern acht auszuwählen.

815. a) $\binom{5}{0}=1$ $\binom{5}{1}=5$ $\binom{5}{2}=10$ $\binom{5}{3}=10$ $\binom{5}{4}=5$ $\binom{5}{5}=1$

b) $\binom{6}{0}=1$ $\binom{6}{1}=6$ $\binom{6}{2}=15$ $\binom{6}{3}=20$ $\binom{6}{4}=15$ $\binom{6}{5}=6$ $\binom{6}{6}=1$

Die Werte für $x=0$ und $x=5$ bzw. $x=6$ sind 1. Für $x=1$ ergeben sich die Werte 5 bzw. 6.
Die Werte steigen und fallen symmetrisch.

816. Es können auf 21, 35, 35 und 21 verschiedene Arten aus sieben Personen eine Abordnung von zwei, drei, vier bzw. fünf Personen gebildet werden.
Es gibt gleich viele Möglichkeiten aus sieben Personen eine Abordnung von zwei bzw. fünf Personen oder eine Abordnung aus drei bzw. vier Personen zu bilden.

817. $x=0$ und $x=10$

818. a) 259 459 200 Möglichkeiten
b) 35 960 Möglichkeiten
c) 28 Handschläge
d) 362 880 Sitzmöglichkeiten
e) 5 040 Möglichkeiten
f) 192 Zahlen
g) ca. $4{,}68 \cdot 10^{19}$ Möglichkeiten
h) 1 073 741 824 Möglichkeiten

819. Musteraufgabe

820. a) Die Erfolgswahrscheinlichkeit bleibt von einem Schuss zum nächsten immer gleich.
Es gibt genau zwei Versuchsausgänge: der Schütze trifft oder er trifft nicht.
Die Anzahl der Treffer ist eine natürliche Zahl.
b) 0,00454 c) 0,2541 d) 0,0013 e) 0,9987

821. a) Die Erfolgswahrscheinlichkeit bleibt von einer kontrollierten Person zur nächsten immer gleich.
Es gibt genau zwei Versuchsausgänge: hat Gurt angelegt oder nicht.
Die Anzahl der Gurtenmuffel ist eine natürliche Zahl.
b) 0,01196 c) 0,9211 d) 0,0789 e) 0,0786

822. a) Die Erfolgswahrscheinlichkeit bleibt von einem Wurf zum nächsten immer gleich.
Es gibt genau zwei Versuchsausgänge: Zahl oder nicht Zahl (dh. Kopf)
Die Anzahl der Zahl-Würfe ist eine natürliche Zahl.
b) 0,1445 c) 0,0026 d) 0,0493 e) 1

823. a) 0,3823 b) 0,2405

824. a) 0,3474 b) 0,5443

825. a) z.B. Es wird die Wahrscheinlichkeit berechnet, dass Tim einen von vier Sätzen verliert.
b) z.B. Es wird die Wahrscheinlichkeit berechnet, dass, dass Tamara drei von vier Sätzen gewinnt.

826. D

827. a) 0,03119 b) 0,14036 c) 0,00455

828. a) 0 b) 0,00424 c) 0,9648 d) 0,9389

829. a) 0 b) 0,01716 c) 0,6262

830. a) $p = 0{,}05$
b) Faustregel: $\frac{10}{1000} = 0{,}01 \leq 0{,}05$; daher kann die Binomialverteilung verwendet werden.
1) 0,4013 2) 0,000965 3) 0,99897
c) Eigentlich keine Binomialverteilung, weil sich die Wahrscheinlichkeit, eine rote Kugel zu ziehen, von einem Zug zum nächsten ändert, da die gezogenen Kugel nicht zurückgelegt wird.

831. a) $p = 0{,}04$
b) Faustregel: $\frac{20}{750} \approx 0{,}027 \leq 0{,}05$; daher kann die Binomialverteilung verwendet werden.
1) 0,8103 2) 0,00086 3) 0,0074
c) Eigentlich keine Binomialverteilung, weil sich die Wahrscheinlichkeit, einen Fahrgast ohne Fahrschein zu erwischen, von einem kontrollierten Fahrgast zum nächsten ändert, da ein bereits kontrollierter Passagier nicht noch einmal kontrolliert wird.

832. B; C; E

833. Musteraufgabe

834. a) 0,2676 b) 0,7859
c) 0,5708 Die Mutter müsste mindestens 15 Überraschungseier kaufen.

835. Man müsste mindestens 17 Mal würfeln.

836. a) Die Erfolgswahrscheinlichkeit, dass das Gerät defekt ist, ist immer gleich.
Es gibt genau zwei Versuchsausgänge: defekt oder nicht defekt
Die Anzahl der defekten Geräte ist eine natürliche Zahl.
b) 0 c) 0,01858 d) Es müssten mindestens 74 Artikel bestellt werden.

837. a) 0,1975 b) 0,2688
c) Wahrscheinlichkeit, dass sich unter 28 Jugendlichen genau drei Linkshänder befinden.
d) 25 Personen

838. a) Die Erfolgswahrscheinlichkeit, dass die erlaubte Promillegrenze von einer kontrollierten Person überschritten wird, ist immer gleich.
Es gibt genau zwei Versuchsausgänge: über 0,5 Promille oder nicht.
Die Anzahl der Personen, die die 0,5-Grenze überschreiten, ist eine natürliche Zahl.
b) 0,7873 c) 0,0813 d) 0,9224 e) 37 Personen

839. a) 0,1032 b) 0,9389 c) 0,9648 d) 11 Personen

840. $\mu = 3p$ $\sigma^2 = 3p(1-p)$

841. B; C; E

842. Musteraufgabe

843. $\mu = 15$ $\sigma \approx 2{,}74$
Im langfristigen Mittel sind beim oftmaligen Wiederholen der 30 Würfe 15 Kopf-Würfe mit einer Streuung von 2,74 zu erwarten.

844. $\mu = 6$ $\sigma \approx 2{,}24$
Im langfristigen Mittel sind beim oftmaligen Wiederholen der 36 Würfe 6 Einser mit einer Streuung von 2,74 zu erwarten.

845. $\mu = 3$ $\sigma \approx 1{,}64$
Im langfristigen Mittel sind beim oftmaligen Untersuchen von 30 Artikeln 3 Ausschusstücke mit einer Streuung von 1,64 zu erwarten.

846. $\mu = 1500$ $\sigma \approx 37{,}75$

847. **a)** $\mu = 4$ $\sigma^2 \approx 3{,}33$ $\sigma \approx 1{,}83$ **b)** $P(3 \leq X \leq 5) \approx 0{,}5386$ **c)** $P(X \leq 2) \approx 0{,}2117$

848. **a)** $\mu = 10$ $\sigma^2 = 5$ $\sigma \approx 2{,}24$
Im langfristigen Mittel ist beim zwanzigmaligen Werfen der Münze mit durchschnittlich 10 „Kopf"-Würfen zu rechnen. Die mittlere quadratische Abweichung vom Erwartungswert beträgt dabei 5, die Streuung 2,24.
b) 0,5881 **c)** $P(8 \leq X \leq 12) \approx 0{,}7368$ **d)** $P(x \leq 5) + P(X \geq 15) \approx 0{,}0207 + 0{,}0207 = 0{,}0414$

849. **a)** $\mu = 10$ $\sigma^2 = 9{,}2$ $\sigma \approx 3{,}03$
Im langfristigen Mittel sind beim oftmaligen Untersuchen von 125 Artikeln 10 Ausschusstücke mit einer Streuung von 3,03 zu erwarten.
b) $P(7 \leq X \leq 13) \approx 0{,}754$ **c)** $P(X \leq 3) \approx 0{,}0083$

850. **a)** $\mu = 15$ $\sigma \approx 3{,}57$ **b)** $P(12 \leq X \leq 18) \approx 0{,}6737$

851. $P(4 \leq X \leq 8) \approx 0{,}7033$

852. $\mu = 1530$ $\sigma \approx 27{,}38$

853. $P(1 \leq X \leq 3) = 0{,}312$

854. **a)** Micha: $\mu = 14$ Tim: $\mu = 16$
b) $P(X > 14) = 0{,}4164$
c) Micha: $\sigma \approx 2{,}05$ Tim: $\sigma \approx 1{,}79$
d) $P(15 \leq X \leq 17) \approx 0{,}5981$
e) Micha: 3 Würfe Tim: 2 Würfe

855. **a)** $\mu = 2$ **b)** $\sigma \approx 1{,}26$ **c)** 0,8926 **d)** 0,8791 **e)** 0,12 **f)** 14 Protokolle

856. $\mu \approx 0{,}2857$ Mit der Wahrscheinlichkeit $P(X > 1) \approx 0{,}028$ wird die Sendung zurückgeschickt.

857. $\mu = 0{,}2$ Mit der Wahrscheinlichkeit $P(X > 1) \approx 0{,}0095$ wird die Sendung zurückgeschickt.

858. **a)** $\mu \approx 1{,}33$ **b)** 0,0994 **c)** 0,9791

859. **a)** 0,1028 **b)** 0,3426

860. **a)** 0,1028 **b)** 0,0022

861. **a)** 0,035 **b)** $\mu \approx 6{,}67$ $\sigma^2 \approx 37{,}78$ $\sigma \approx 6{,}15$

862. **a)** 0,1157 **b)** $\mu = 6$ $\sigma^2 = 30$ $\sigma \approx 5{,}48$

863. $P(X = 4) = 0{,}0729$ $\mu = 10$ $\sigma^2 = 90$ $\sigma \approx 9{,}49$

864. **a)** Die Erfolgswahrscheinlichkeit, dass die erlaubte Höchstgeschwindigkeit von einem kontrollierten PKW überschritten wird, ist immer gleich p.
Es gibt zwei Versuchsausgänge: der PKW fährt zu schnell oder nicht.
Die Anzahl der PKWs, die zu schnell fahren, ist eine natürliche Zahl.
b) z.B. Die ersten 20 kontrollierten Autos halten sich an die Geschwindigkeitsbegrenzung und 10 von den nächsten 20 kontrollierten Autos fahren zu schnell.
$0{,}00000038 \approx 0$
c) (1) 9,6% (2) 30
d) $p = 0{,}1$ $P(X \leq 3) = 0{,}12 + 0{,}27 + 0{,}29 + 0{,}19 = 0{,}87$

865.–877. Selbstkontrolle (Lösungen im Schulbuch)

878.–882. Kompetenzcheck (Lösungen im Schulbuch)

11 Komplexe Zahlen

Kapitel 11
v9u87t

883. a) C, D b) C, D c) C, D d) D

884. a) $\sqrt{3}\,i$ b) $6\,i$ c) $7+\sqrt{2}\,i$ d) $-5-3\,i$ e) $1+i$

885.

	Realteil	Imaginärteil
a)	2	3
b)	−1,2	4
c)	0	−1
d)	7	−8,2
e)	$-\frac{2}{3}$	0

886. a) B, C, D, E b) E c) A, B, C, D, E d) E e) E f) A, B, C, D, E

887. Musteraufgabe

888. a) i b) -1 c) i d) $-i$ e) $-i$

889. B, A, F, D

890. $i^{4k}=1$ $i^{4k+1}=i$ $i^{4k+2}=-1$ $i^{4k+3}=-i$

891. A, D

892.

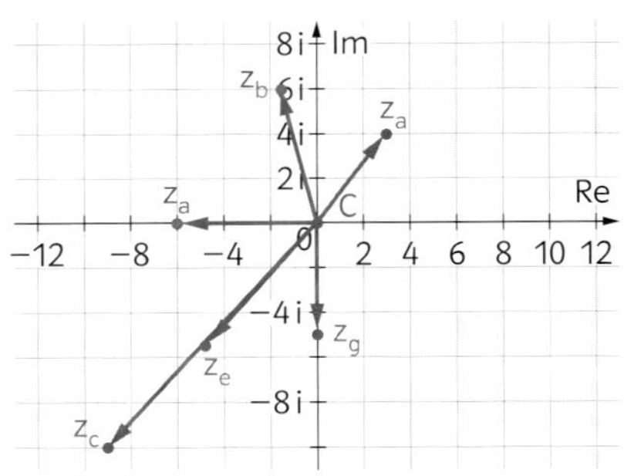

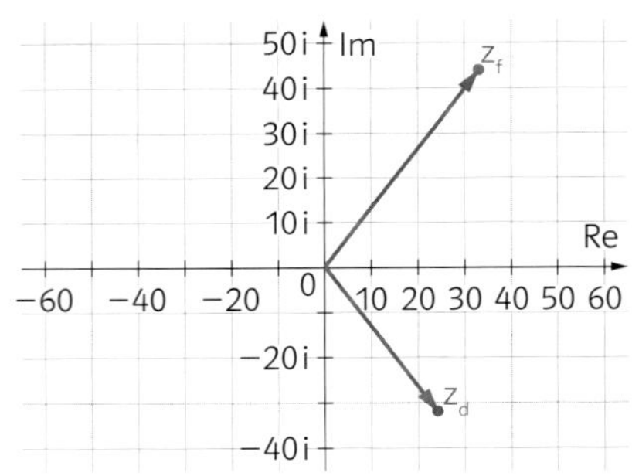

893. $z_1=-4+3\,i$ $z_2=4{,}5\,i$ $z_3=3+3\,i$ $z_4=4$ $z_5=2-i$ $z_6=-2{,}5\,i$ $z_7=-2-2\,i$ $z_8=-3$

894. Musteraufgabe

895. a) $\bar{z}=3-2\,i$
b) $\bar{z}=-3+4\,i$
c) $\bar{z}=-5{,}5$
d) $\bar{z}=-5{,}5-i$
e) $\bar{z}=1{,}2-3{,}4\,i$
f) $\bar{z}=0{,}25+1{,}2\,i$

896. a) $\bar{z}=-3-4\,i$

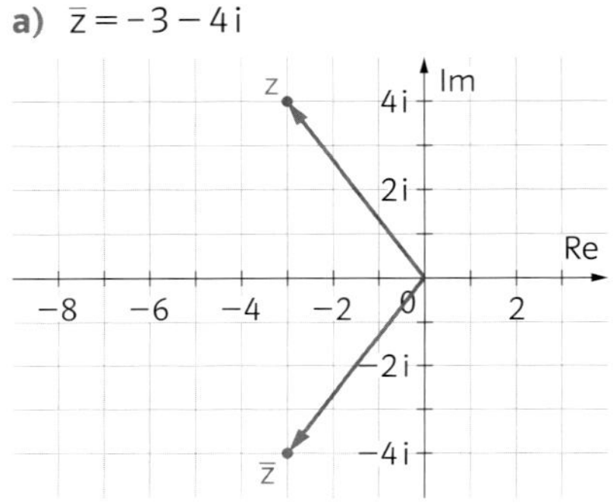

b) $\bar{z}=2-5\,i$

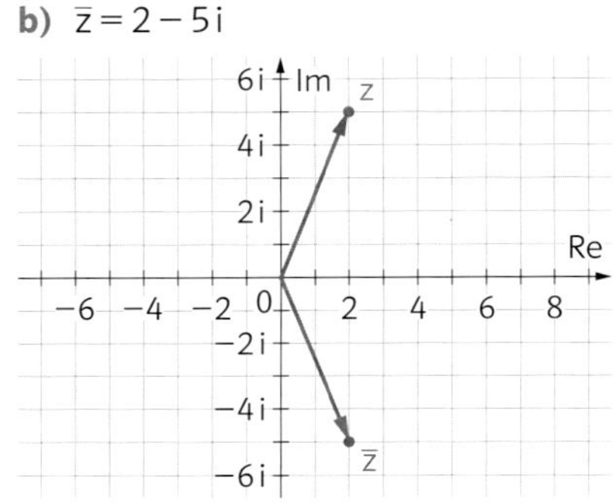

c) $\bar{z} = 4 + 2i$

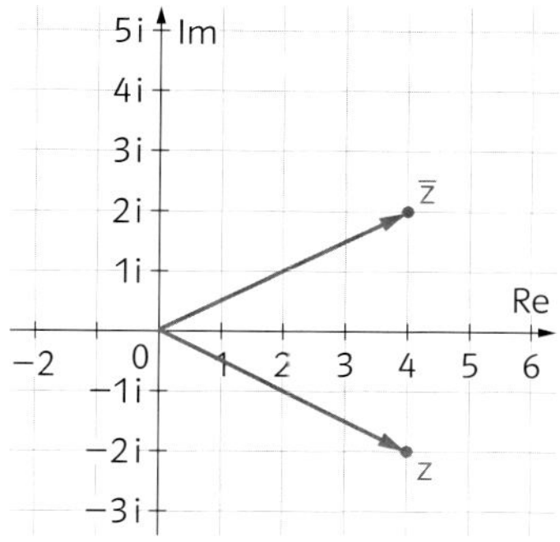

d) $\bar{z} = -5 + i$

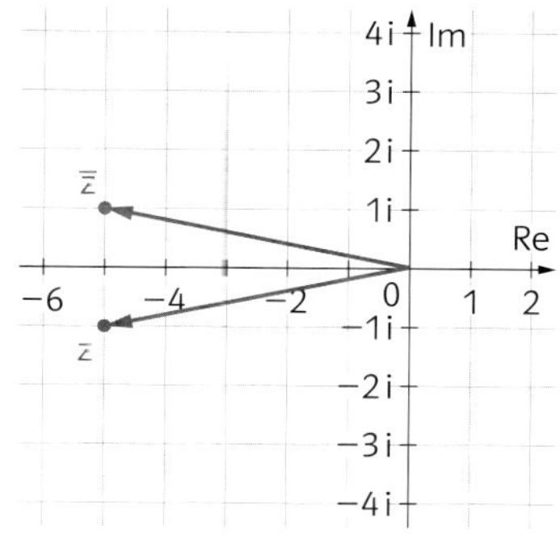

z und $\bar{z}$ liegen symmetrisch zur Realachse

897. Musteraufgabe

898. a)

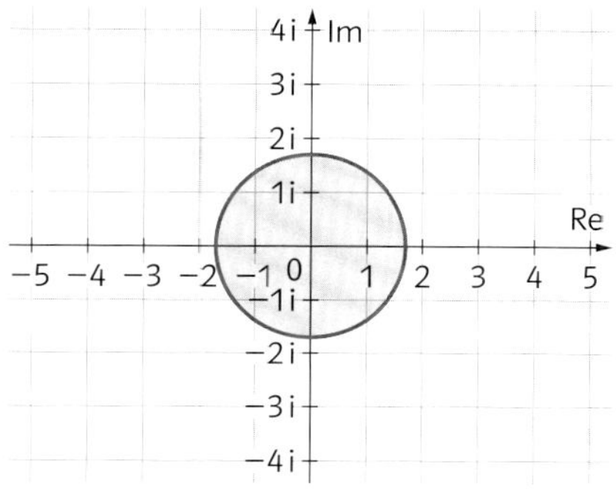

b)

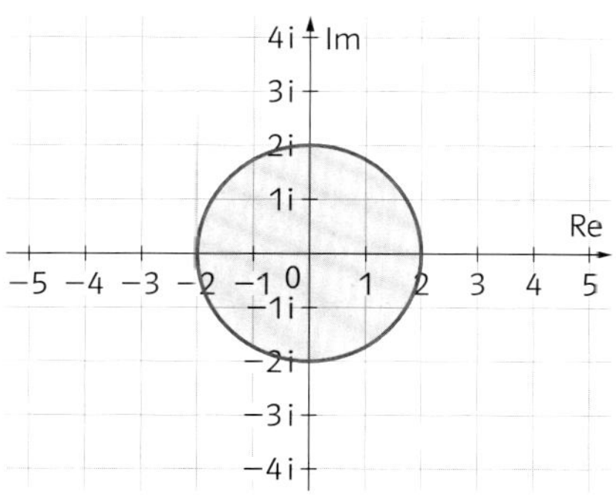

c)

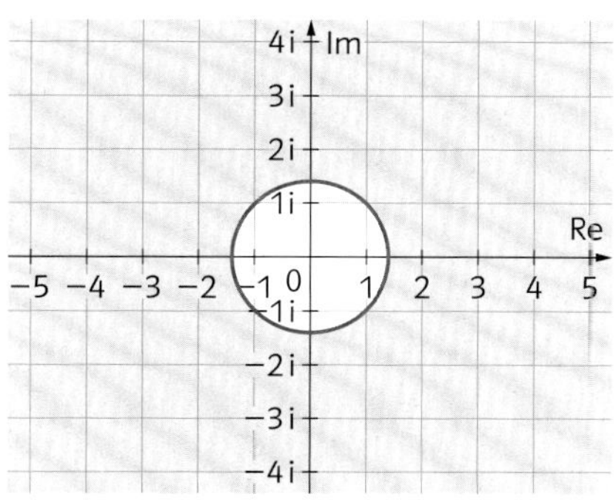

d)

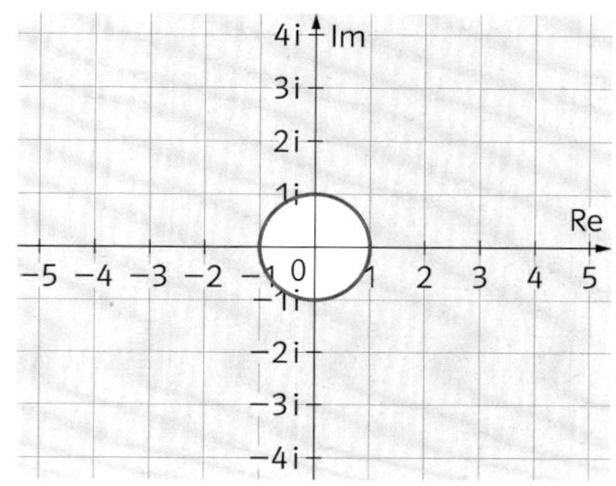

e)

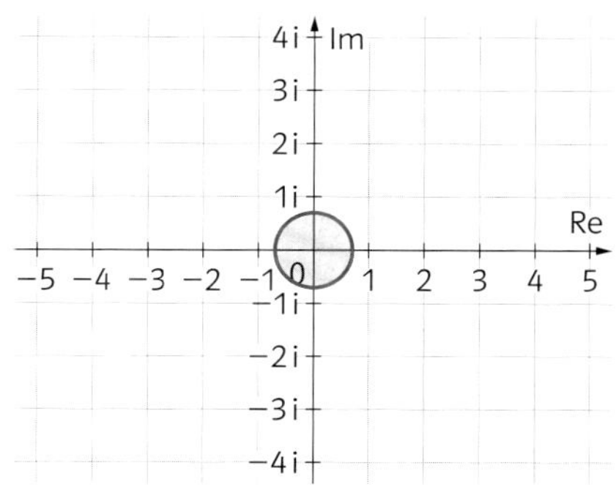

f)

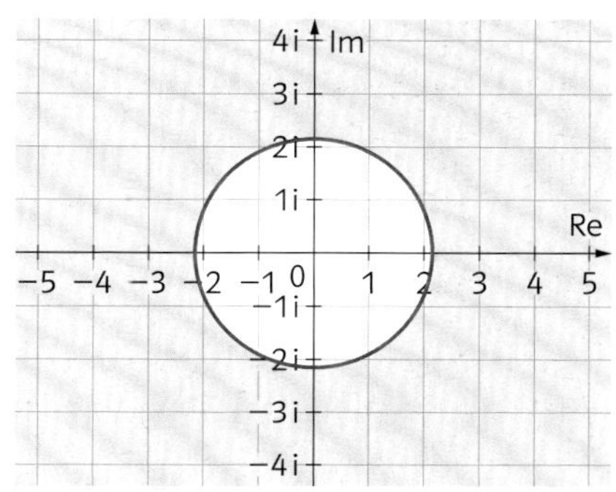

899. Musteraufgabe

900. a) $24i$ b) $2i$ c) $-22i$ d) $-14i$ e) $4 - i$ f) $1 - 7i$ g) -1 h) $1 - 2i$

901. a) $-13i$ b) $-i$ c) $-9-3i$ d) $3-6i$ e) $-10-6i$ f) $-7-i$

902. a) $14i$ b) $-96i$

903. B, D

904. Musteraufgabe

905. a) $56i$ b) $72i$ c) -90 d) 210 e) $-12+66i$ f) $-20-6i$ g) $-74+7i$ h) $11-2i$

906. C, E

907. a) $-17+28i$ b) $84+51i$ c) $-6+21i$ d) $-24-13i$ e) $-22-8i$ f) $46-7i$

908. Musteraufgabe

909. a) $-9+40i$ b) $-60-32i$ c) $-48+14i$ d) $-46+9i$ e) $52-47i$

910. a) 53 b) 10 c) 36 d) $0{,}3125=\frac{5}{16}$
Das Ergebnis ist eine reelle Zahl.

911. a) $(3x+yi)(3x-yi)$ b) $(u+i)(u-i)$ c) $(3y+2i)(3y-2i)$ d) $(4v+6wi)(4v-6wi)$ e) $(1+10xi)(1-10xi)$

912. Musteraufgabe

913. a) $-\frac{8}{5}-\frac{i}{5}$ b) $-\frac{23}{13}+\frac{15i}{13}$ c) $\frac{3}{10}-\frac{i}{10}$ d) $\frac{3}{5}+\frac{4i}{5}$ e) $12+7i$ f) $-9+i$ g) $-\frac{5}{41}-\frac{4i}{41}$ h) $\frac{1}{5}-\frac{2i}{5}$

914. a) $\frac{3}{17}+\frac{5i}{17}$ $\quad \frac{3}{2}-\frac{5i}{2}$
b) $-\frac{1}{2}-\frac{i}{2}$ $\quad -1+i$
c) $-\frac{20}{29}-\frac{21i}{29}$ $\quad -\frac{20}{29}+\frac{21i}{29}$
d) $\frac{8}{25}+\frac{4i}{25}$ $\quad \frac{10}{4}-\frac{5i}{4}$
e) $\frac{8}{5}-\frac{6i}{5}$ $\quad \frac{8}{20}+\frac{6i}{20}$
f) $\frac{9}{5}-\frac{7i}{5}$ $\quad \frac{9}{26}+\frac{7i}{26}$

915. (1) Imaginärteil (2) 0,7

916. a) $L=\{-2;\,8\}$ 2 Lösungen
b) $L=\{-0{,}5;\,1\}$ 2 Lösungen
c) $L=\left\{\frac{4}{3}\right\}$ 1 Lösung
d) $L=\{\,\}$ keine Lösung
e) $L=\{\,\}$ keine Lösung
f) $L=\left\{\frac{1}{4}\right\}$ 1 Lösung

917. (1) keine reelle Lösung (2) $p^2<4q$

918. Musteraufgabe

919. a) $L=\{-9;\,-8\}$
b) $L=\left\{-1;\,\frac{5}{2}\right\}$
c) $L=\{-4+3i;\,-4-3i\}$
d) $L=\{-0{,}25+0{,}5i;\,-0{,}25-0{,}5i\}$
e) $L=\{0{,}2\}$
f) $L=\{3{,}5\}$

920. a) $L=\{5+3i;\,5-3i\}$
b) $L=\{2+7i;\,2-7i\}$
c) $L=\left\{\frac{1}{3}+\frac{5i}{3};\,\frac{1}{3}-\frac{5i}{3}\right\}$
d) $L=\left\{\frac{3}{2}+2i;\,\frac{3}{2}-2i\right\}$
e) $L=\{5+\sqrt{15}i;\,5-\sqrt{15}i\}$
f) $L=\left\{\frac{3}{2}+\frac{i}{4};\,\frac{3}{2}-\frac{i}{4}\right\}$

921. $a<0$

922. D, C, B, F

923. a) z.B. $x^2=\frac{1}{3}$ b) z.B. $x^2=-16$

924. Musteraufgabe

925. a) $(x+7+2i)(x+7-2i)$ b) $(x-12)(x+11)$ c) $4(x+0{,}5+4{,}5i)(x+0{,}5-4{,}5i)$ d) $(x+5+4i)(x+5-4i)$ **e)** $2(x+5)(x-4{,}5)$

926. a) $x^2-2x+37=0$ b) $x^2+12x+52=0$ **c)** $x^2+36=0$

927. Musteraufgabe

928. a) $4(x+1{,}5)^2$ b) $(x-2-i)(x-2+i)$ c) $5(x+1{,}4)(x-12)$ d) $(x-5-2i)(x-5+2i)$

929. B, D, E

930. 1) richtig 2) richtig 3) falsch 4) richtig 5) falsch
6) richtig 7) richtig 8) falsch 9) richtig

931. Musteraufgabe

932. a) (35; 53,13°) b) (53; 121,89°) c) (65; 233,134°) d) (41; 282,68°) e) (52; 247,38°) **f)** (17; 298,07°)

933. (1) 100 (2) 253,7°

934. C, E

935. a) $\frac{5}{\sqrt{2}}+\frac{5i}{\sqrt{2}}$ b) $3i$ c) $-3\sqrt{2}+3\sqrt{2}\,i$ d) -1 e) $-7{,}66-6{,}43i$ f) $-9i$ g) $10{,}39-6i$ h) 20

936. Musteraufgabe

937. a) $\approx 9{,}64+11{,}49i$ b) $-16i$ c) $\approx -32{,}12+45{,}87i$ d) $\approx 40-34{,}64i$

938. **a)** -4 b) 6 c) -6 d) $-10i$ e) $4+2i$ f) $2+4i$

939. a) $\approx 0{,}27+0{,}75i$ b) $0{,}75i$ c) $\approx 0{,}25-0{,}43i$ d) $\approx 1{,}08+0{,}63i$

940. **a)** $2i$ b) $-0{,}2$ c) $3i$ d) 0,5 e) $0{,}4+0{,}2i$ f) $1{,}8-0{,}4i$

941. a) (27; 39°) b) (16; 180°) c) (3125; 300°) d) (4096; 150°) e) (128; 270°) f) (1; 160°) g) (49; 0°) h) (1000; 0°)

942. Musteraufgabe

943. a) $-7-24i$ **b)** $237-3116i$ c) $936-352i$ d) $32{,}13-242{,}02i$ e) $8-8i$ f) $-32i$ g) $2-2i$ h) $8i$ i) $28-96i$ j) $1121-404i$

944. a) $121{,}5+210{,}44i$ b) $12{,}26+10{,}28i$ c) 1 d) 1 e) -16

945. Musteraufgabe

946. a) $z^1=i$ $z^2=-1$ $z^3=-i$ $z^4=1$

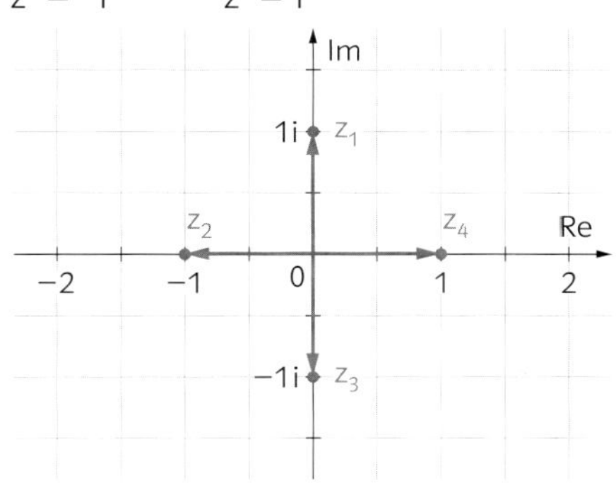

b) $z^1\approx 0{,}71+0{,}71i$ $z^2=i$ $z^3\approx -0{,}71+0{,}71i$ $z^4=-1$

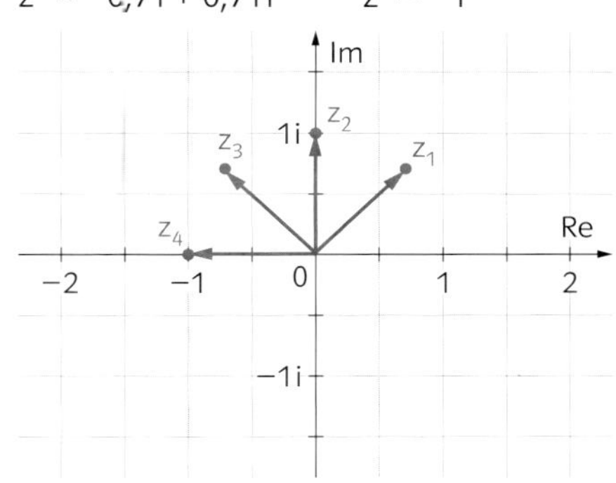

c) $z^1 \approx 0{,}94 + 0{,}34\,i$ $z^2 \approx 0{,}77 + 0{,}64\,i$
$z^3 \approx 0{,}5 + 0{,}87\,i$ $z^4 \approx 0{,}17 + 0{,}98\,i$

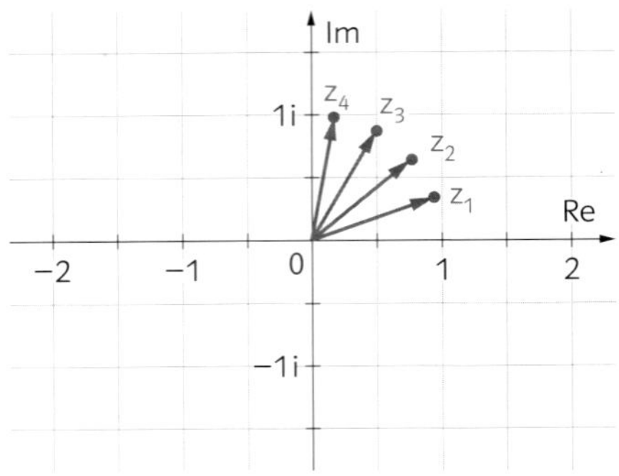

d) $z^1 \approx 0{,}87 + 0{,}5\,i$ $z^2 \approx 0{,}5 + 0{,}87\,i$
$z^3 = i$ $z^4 \approx -0{,}5 + 0{,}87\,i$

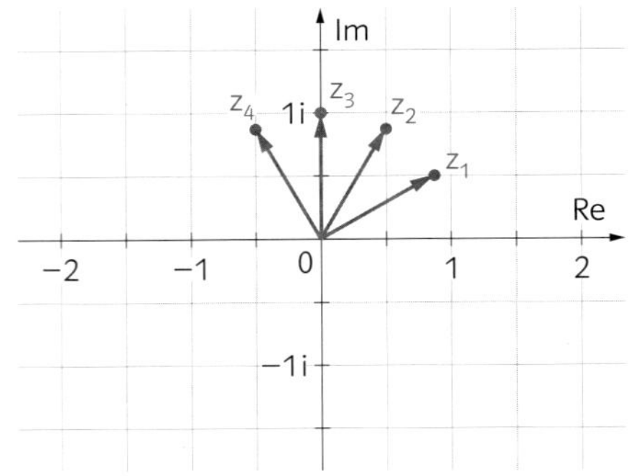

947. **a)** $z^1 \approx 0{,}5 + 0{,}87\,i$ $z^2 \approx -0{,}5 + 0{,}87\,i$
$z^3 = -1$ $z^4 \approx -0{,}5 - 0{,}87\,i$
$z^5 \approx 0{,}5 - 0{,}87\,i$ $z^6 = 1$

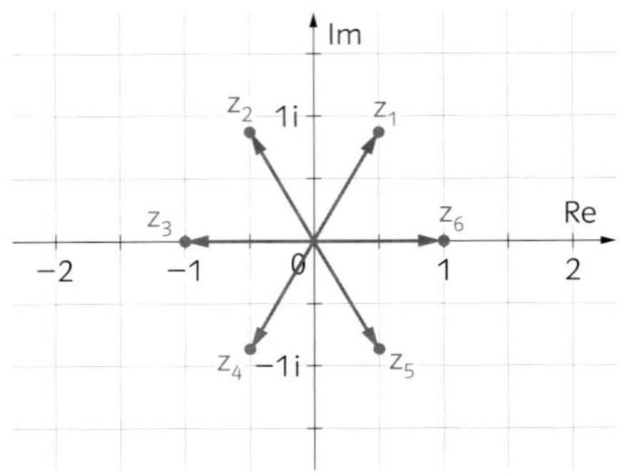

b) $z^1 = i$ $z^2 = -1$
$z^3 = -i$ $z^4 = 1$
$z^5 = i$ $z^6 = -1$

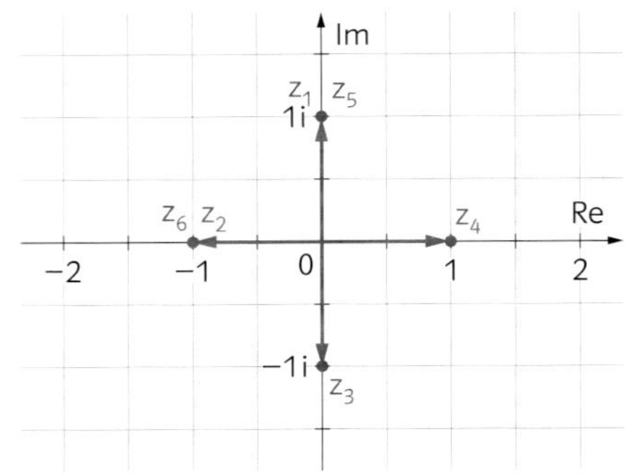

c) $z^1 \approx 0{,}71 + 0{,}71\,i$ $z^2 = i$
$z^3 \approx -0{,}71 + 0{,}71\,i$ $z^4 = -1$
$z^5 \approx -0{,}71 - 0{,}71\,i$ $z^6 = -i$

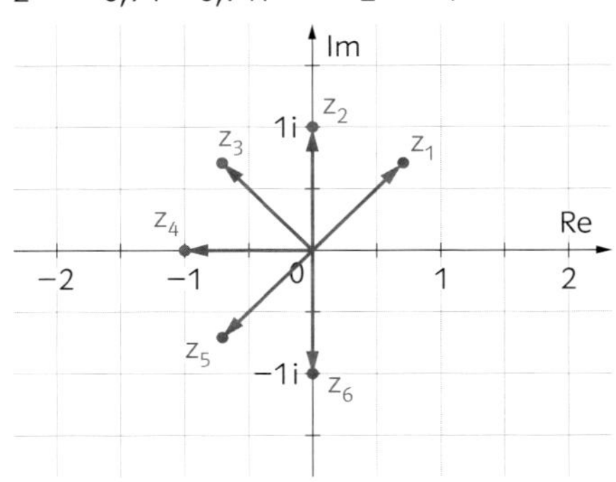

d) $z^1 \approx 0{,}87 + 0{,}5\,i$ $z^2 = 0{,}5 + 0{,}87\,i$
$z^3 = i$ $z^4 \approx -0{,}5 + 0{,}87\,i$
$z^5 \approx -0{,}87 + 0{,}5\,i$ $z^6 = -1$

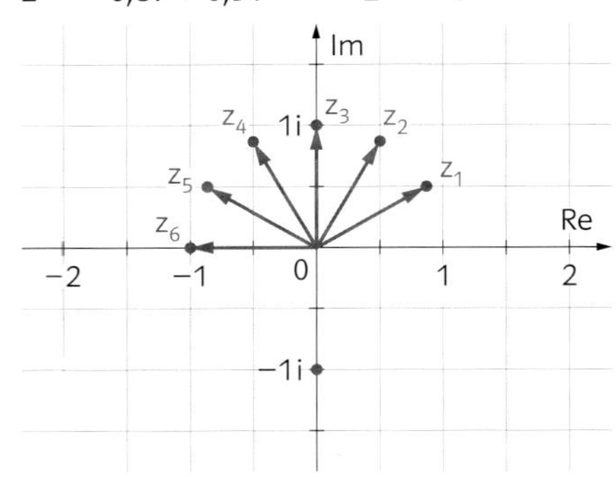

948. a) $(2;\,0°) = 2$
$(2;\,90°) = 2\,i$
$(2;\,180°) = -2$
$(2;\,270°) = -2\,i$

b) $(\sqrt[3]{81};\,0°) = \sqrt[3]{81}$
$(\sqrt[3]{81};\,120°) \approx -2{,}16 + 3{,}75\,i$
$(\sqrt[3]{81};\,240°) \approx -2{,}16 - 3{,}75\,i$

c) $(\sqrt[6]{2};\,75°) \approx 0{,}29 + 1{,}08\,i$
$(\sqrt[6]{2};\,195°) \approx -1{,}08 - 0{,}29\,i$
$(\sqrt[6]{2};\,315°) \approx 0{,}79 - 0{,}79\,i$

d) $(1;\,18°) \approx 0{,}95 + 0{,}31\,i$
$(1;\,90°) = i$
$(1;\,162°) \approx -0{,}95 + 0{,}31\,i$
$(1;\,234°) \approx -0{,}59 - 0{,}81\,i$
$(1;\,306°) \approx 0{,}59 - 0{,}81\,i$

e) $(\sqrt{35};\,153{,}43°) \approx -5{,}29 + 2{,}65\,i$
$(\sqrt{35};\,333{,}43°) \approx 5{,}29 - 2{,}65\,i$

f) $(1;\,30°) \approx 0{,}87 + 0{,}5\,i$
$(1;\,102°) \approx -0{,}21 + 0{,}98\,i$
$(1;\,174°) \approx -0{,}99 + 0{,}10\,i$
$(1;\,246°) \approx -0{,}41 - 0{,}91\,i$
$(1;\,318°) \approx 0{,}74 - 0{,}67\,i$

g) $(1;\,0°) = 1$
$(1;\,180°) = -1$

949.

a)	$3{,}46 + 2\,i$	$-3{,}46 + 2\,i$	$-4\,i$	
b)	$1{,}41 + 1{,}41\,i$	$-1{,}41 + 1{,}41\,i$	$-1{,}41 - 1{,}41\,i$	$1{,}41 - 1{,}41\,i$
c)	3 $\quad 0{,}93 + 2{,}85\,i$	$-2{,}43 + 1{,}76\,i$	$-2{,}43 - 1{,}76\,i$	$0{,}93 - 2{,}85\,i$
d)	$1{,}69 + 0{,}61\,i$	$-1{,}37 + 1{,}16\,i$	$-0{,}32 - 1{,}77\,i$	
e)	$0{,}61 + 0{,}91\,i$	$-0{,}91 + 0{,}61\,i$	$-0{,}61 - 0{,}91\,i$	$0{,}91 - 0{,}61\,i$
f)	$0{,}81 + 0{,}59\,i$	$-0{,}31 + 0{,}95\,i$	-1 $\quad -0{,}31 - 0{,}95\,i$	$0{,}81 - 0{,}59\,i$

950. a) $x_{1,2} = \pm 1{,}5 - 0{,}5\,i$ $\qquad x^2 - 4x + 29 = 0$
b) A, E
c) $y_1 = 3 \rightarrow x_1 = y_1 + 1 = 4$
Weitere Lösungen bestimmt man mit Hilfe von Technologieeinsatz

951. – 957. Selbstkontrolle (Lösungen im Schulbuch)

958. – 962. Kompetenzcheck (Lösungen im Schulbuch)

Reflexionsseite Unendlichkeitsparadoxa

963. Ich wecke alle Gäste auf und sage ihnen, sie sollen um 10 Zimmernummern „weiterrücken".

964. Diese Lösung ist nur ein Lösungsvorschlag. Es sind auch andere richtige Antworten möglich, sofern sie nachvollziehbar begründet sind.
Ich wecke alle Gäste auf und sage ihnen, sie sollen in das Zimmer mit der dreifachen Zimmernummer wechseln.
Das eigentliche – nicht angesprochenes Problem – ist allerdings die Verteilung der ankommenden Gäste. Man kann ja nicht zuerst alle Gäste des ersten Busses und dann die des zweiten Busses die Zimmer zuweisen, da die Gäste des zweiten Busses nie an die Reihe kommen würden. Man muss also zuerst einen Gast aus Bus 1 auf Zimmer Nr.1 legen, dann einen Gast aus Bus 2 auf Zimmer Nummer 3, dann wieder einen Gast aus Bus 1 auf Zimmer Nummer 4 und einen Gast aus Bus 2 auf Zimmer Nummer 5 u.s.w.

965. Diese Lösung ist nur ein Lösungsvorschlag. Es sind auch andere richtige Antworten möglich, sofern sie nachvollziehbar begründet sind.
Ich wecke alle Gäste auf und bitte sie in das Zimmer mit der Zimmernummer 2^n zu gehen, wobei n die derzeitige Zimmernummer ist.
Nun gehe ich zu den Gästen im ersten Bus und bitte sie in die Zimmer mit der Zimmernummer 3^n zu gehen, wobei n die jeweilige Sitzplatznummer im Bus ist.
Dann gehe ich zu den Gästen im zweiten Bus und bitte sie in die Zimmer mit der Zimmernummer 5^n zu gehen, wobei n die jeweilige Sitzplatznummer im zweiten Bus ist.
Und so mache ich weiter, wobei ich als Basis der Potenz immer die nächste Primzahl wähle.
Siehe auch Video: https://youtu.be/Uj3_KqkI9Zo

966. **a)** $S = (1-2) + (4-8) + (16-32) + \ldots = (-1) + (-4) + (-16) + \ldots = -\infty$
$(-2)S = -2 + 4 - 8 + 16 - 32 \ldots \quad \Rightarrow \quad -2S = S - 1 \quad \Rightarrow \quad -3S = -1 \quad \Rightarrow \quad S = \frac{1}{3}$

b) $S = (1-2) + (3-4) + (5-6) + \ldots = (-1) + (-1) + (-1) + \ldots = -\infty$
$S = 1 + (-2+3) + (-4+5) + (-6+7) + \ldots = 1 + 1 + 1 + 1 + \ldots = \infty$